Why?

사고력도 탄탄! 창의력도 탄탄!
수학 일등의 지름길 「기탄

👑 **단계별·능력별 프로그램식 학습지입니다**

유아부터 초등학교 6학년까지 각 단계별로 4~6권씩 총 52권으로 구성되었으며, 처음 시작할 때 나이와 학년에 관계없이 능력별 수준에 맞추어 학습하는 프로그램식 학습지입니다.

👑 **사고력·창의력을 키워 주는 수학 학습지입니다**

다양한 사고 단계를 거쳐 문제 해결력을 높여 주며, 개념과 원리를 이해하도록 하여 수학적 사고력을 키워 줍니다. 또 수학적 사고를 바탕으로 스스로 생각하고 깨닫는 창의력을 키워 줍니다.

👑 **유아 과정은 물론 초등학교 수학의 전 영역을 골고루 학습합니다**

운필력, 공간 지각력, 수 개념 등 유아 과정부터 시작하여, 초등학교 과정인 수와 연산, 도형 등 수학의 전 영역을 골고루 다루어, 자녀들의 수학적 사고의 폭을 넓히는 데 큰 도움을 줍니다.

👑 **학습 지도 가이드와 다양한 학습 성취도 평가 자료를 수록했습니다**

매주, 매달, 매 단계마다 학습 목표에 따른 지도 내용과 지도 요점, 완벽한 해설을 제공하여 학부모님께서 쉽게 지도하실 수 있습니다. 창의력 문제와 수학 경시 대회 예상 문제를 단계별로 수록, 수학 실력을 완성시켜 줍니다.

👑 **과학적 학습 분량으로 공부하는 습관이 몸에 배입니다**

하루 10~20분 정도의 과학적 학습량으로 공부에 싫증을 느끼지 않게 하고, 학습에 자신감을 가지도록 하였습니다. 매일 일정 시간 꾸준하게 공부하도록 하면, 시키지 않아도 공부하는 습관이 몸에 배게 됩니다.

What?

「기탄사고력수학」은 체계적이고 장기적인 프로그램으로 꾸준히 학습하면 반드시 성적으로 보답합니다

✿ **스몰 스텝(Small Step)방식으로 꾸준히 학습하면 성적이 올라갑니다**

「기탄사고력수학」은 단순히 문제만 나열한 문제집이 아닙니다. 체계적이고 장기적인 학습프로그램을 통해 수학적 사고력과 창의력을 완성시켜 주는 스몰 스텝(Small Step)방식으로 꾸준히 학습하면 반드시 성적이 올라갑니다.

✿ **하루 3장, 10~20분씩 규칙적으로 학습하게 하세요**

매일 일정 시간에 일정한 학습량을 꾸준히 재미있게 해야만 학습효과를 높일 수 있습니다. 주별로 분철하기 쉽게 제본되어 있으니, 교재를 구입하시면 먼저 분철하여 일주일 학습 분량만 자녀들에게 나누어 주세요. 그래야만 아이들이 학습 성취감과 자신감을 가질 수 있습니다.

✿ **자녀들의 수준에 알맞은 교재를 선택하세요**

〈기탄사고력수학〉은 유아에서 초등학교 6학년까지, 나이와 학년에 관계없이 학습 난이도별로 자신의 능력에 맞는 단계를 선택하여 시작하는 능력별 교재입니다. 그러나 자녀의 수준보다 1~2단계 낮춘 교재부터 시작하면 학습에 더욱 자신감을 갖게 되어 효과적입니다.

교재 구분	교재 구성	대 상
A단계 교재	1, 2, 3, 4집	4세 ~ 5세 아동
B단계 교재	1, 2, 3, 4집	5세 ~ 6세 아동
C단계 교재	1, 2, 3, 4집	6세 ~ 7세 아동
D단계 교재	1, 2, 3, 4집	7세 ~ 초등학교 1학년
E단계 교재	1, 2, 3, 4, 5, 6집	초등학교 1학년
F단계 교재	1, 2, 3, 4, 5, 6집	초등학교 2학년
G단계 교재	1, 2, 3, 4, 5, 6집	초등학교 3학년
H단계 교재	1, 2, 3, 4, 5, 6집	초등학교 4학년
I단계 교재	1, 2, 3, 4, 5, 6집	초등학교 5학년
J단계 교재	1, 2, 3, 4, 5, 6집	초등학교 6학년

「기탄사고력수학」으로 수학 성적 올리는 일등비법을 공개합니다

❋ 문제를 먼저 풀어 주지 마세요

기탄사고력수학은 직관(전체 감지)을 논리(이론과 구체 연결)로 발전시켜 답을 구하도록 구성되었습니다. 쉽게 문제를 풀지 못하더라도 노력하는 과정에서 더 많은 것을 얻을 수 있으니, 약간의 힌트 외에는 자녀가 스스로 끝까지 문제를 풀어 나갈 수 있도록 격려해 주세요.

❋ 교재는 이렇게 활용하세요

먼저 자녀들의 능력에 맞는 교재를 선택하세요. 그리고 일주일 분량씩 분철하여 매일 3장씩 풀 수 있도록 해 주세요. 한꺼번에 많은 양의 교재를 주시면 어린이가 부담을 느껴서 학습을 미루거나 포기하기 쉽습니다. 적당한 양을 매일매일 학습하도록 하여 수학 공부하는 재미를 느낄 수 있도록 해 주세요.

❋ 교재 학습 과정을 꼭 지켜 주세요

한 주 학습이 끝날 때마다 창의력 문제와 경시 대회 예상 문제를 꼭 풀고 넘어가도록 해 주시고, 한 권(한 달 과정)이 끝나면 성취도 테스트와 종료 테스트를 통해 스스로 실력을 가늠해 볼 수 있도록 도와 주세요. 문제를 다 풀면 반드시 해답지를 이용하여 정확하게 채점해 주시고, 틀린 문제를 체크해 놓았다가 다음에는 확실히 풀 수 있도록 지도해 주세요.

❋ 자녀의 학습 관리를 게을리 하지 마세요

수학적 사고는 하루 아침에 생겨나는 것이 아닙니다. 날마다 꾸준히 규칙적으로 학습해 나갈 때에만 비로소 수학적 사고의 기틀이 마련되는 것입니다. 교육은 사랑입니다. 자녀가 학습한 부분을 어머니께서 꼭 확인하시면서 사랑으로 돌봐 주세요. 부모님의 관심 속에서 자란 아이들만이 성적 향상은 물론 이 사회에서 꼭 필요한 인격체로 성장해 나갈 수 있다는 것도 잊지 마세요.

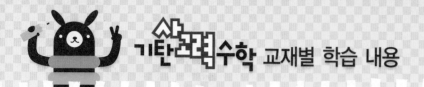

A 단계 교재

A - ❶ 교재	A - ❷ 교재
나와 가족에 대하여 알기 바른 행동 알기 다양한 선 그리기 다양한 사물 색칠하기 ○△□ 알기 똑같은 것 찾기 빠진 것 찾기 종류가 같은 것과 다른 것 찾기 관찰력, 논리력, 사고력 키우기	필요한 물건 찾기 관계 있는 것 찾기 다양한 기준에 따라 분류하기 (종류, 용도, 모양, 색깔, 재질, 계절, 성질 등) 두 가지 기준에 따라 분류하기 다섯까지 세기 변별력 키우기 미로 통과하기
A - ❸ 교재	**A - ❹ 교재**
다양한 기준으로 비교하기 (길이, 높이, 양, 무게, 크기, 두께, 넓이, 속도, 깊이 등) 시간의 순서 비교하기 반대 개념 알기 3까지의 숫자 배우기 그림 퍼즐 맞추기 미로 통과하기	최상급 개념 알기 다양한 기준으로 순서 짓기 (크기, 시간, 길이, 두께 등) 네 가지 이상 비교하기 이중 서열 알기 ABAB, ABCABC의 규칙성 알기 다양한 규칙 이해하기 부분과 전체 알기 5까지의 숫자 배우기 일대일 대응, 일대다 대응 알기 미로 통과하기

단계 교재

B 단계 교재

B - ❶ 교재	B - ❷ 교재
열까지 세기 9까지의 숫자 배우기 사물의 기본 모양 알기 모양 구성하기 모양 나누기와 합치기 같은 모양, 짝이 되는 모양 찾기 위치 개념 알기 (위, 아래, 앞, 뒤) 위치 파악하기	9까지의 수량, 수 단어, 숫자 연결하기 구체물을 이용한 수 익히기 반구체물을 이용한 수 익히기 위치 개념 알기 (안, 밖, 왼쪽, 가운데, 오른쪽) 다양한 위치 개념 알기 시간 개념 알기 (낮, 밤) 구체물을 이용한 수와 양의 개념 알기 (같다, 많다, 적다)
B - ❸ 교재	**B - ❹ 교재**
순서대로 숫자 쓰기 거꾸로 숫자 쓰기 1 큰 수와 2 큰 수 알기 1 작은 수와 2 작은 수 알기 반구체물을 이용한 수와 양의 개념 알기 보존 개념 익히기 여러 가지 단위 배우기	순서수 알기 사물의 입체 모양 알기 입체 모양 나누기 두 수의 크기 비교하기 여러 수의 크기 비교하기 0의 개념 알기 0부터 9까지의 수 익히기

단계 교재

C 단계 교재

C - ❶ 교재	C - ❷ 교재
구체물을 통한 수 가르기 반구체물을 통한 수 가르기 숫자를 도입한 수 가르기 구체물을 통한 수 모으기 반구체물을 통한 수 모으기 숫자를 도입한 수 모으기	수 가르기와 모으기 여러 가지 방법으로 수 가르기 수 모으고 다시 수 가르기 수 가르고 다시 수 모으기 더해 보기 세로로 더해 보기 빼 보기 세로로 빼 보기 더해 보기와 빼 보기 바꾸어서 셈하기
C - ❸ 교재	**C - ❹ 교재**
길이 측정하기　높이 측정하기 넓이 측정하기　크기 측정하기 둘레 측정하기　무게 측정하기 부피 측정하기　들이 측정하기 활동 시간 알아보기　시간의 순서 알아보기 여러 가지 측정하기	열 개 열 개 만들어 보기 열 개 묶어 보기 자리 알아보기 수 '10' 알아보기 10의 크기 알아보기 더하여 10이 되는 수 알아보기 열다섯까지 세어 보기 스물까지 세어 보기

D 단계 교재

D - ❶ 교재	D - ❷ 교재
수 11~20 알기 11~20까지의 수 알기 30까지의 수 알아보기 자릿값을 이용하여 30까지의 수 나타내기 40까지의 수 알아보기 자릿값을 이용하여 40까지의 수 나타내기 자릿값을 이용하여 50까지의 수 나타내기 50까지의 수 알아보기	상자 모양, 공 모양, 둥근기둥 모양 알아보기 공간 위치 알아보기 입체도형으로 모양 만들기 여러 방향에서 본 모습 관찰하기 평면도형 알아보기 선대칭 모양 알아보기 모양 만들기와 탱그램
D - ❸ 교재	**D - ❹ 교재**
덧셈 이해하기 10이 되는 더하기 여러 가지로 더해 보기 덧셈 익히기 뺄셈 이해하기 10에서 빼기 여러 가지로 빼 보기 뺄셈 익히기	조사하여 기록하기 그래프의 이해 그래프의 활용 분수의 이해 시간 느끼기 사건의 순서 알기 소요 시간 알아보기 달력 보기 시계 보기 활동한 시간 알기

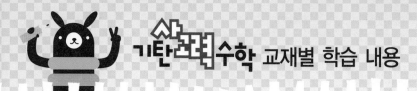

기탄고력수학 교재별 학습 내용

E 단계 교재

E - ❶ 교재	E - ❷ 교재	E - ❸ 교재
사물의 개수를 세어 보고 1, 2, 3, 4, 5 알아보기 0의 개념과 0~5까지의 수의 순서 알기 하나 더 많다, 적다의 개념 알기 두 수의 크기 비교하기 사물의 개수를 세어 보고 6, 7, 8, 9 알아보기 0~9까지의 수의 순서 알기 하나 더 많다, 적다의 개념 알기 두 수의 크기 비교하기 여러 가지 모양 알아보기, 찾아보기, 만들어 보기 규칙 찾기	두 수로 가르기 두 수를 모으기 가르기와 모으기 덧셈식 알아보기 뺄셈식 알아보기 길이 비교해 보기 높이 비교해 보기 들이 비교해 보기 무게 비교해 보기 넓이 비교해 보기	수 10(십) 알아보기 19까지의 수 알아보기 몇십과 몇십 몇 알아보기 물건의 수 세기 50까지 수의 순서 알아보기 두 수의 크기 비교하기 분류하기 분류하여 세어 보기
E - ❹ 교재	**E - ❺ 교재**	**E - ❻ 교재**
수 60, 70, 80, 90 99까지의 수 수의 순서 두 수의 크기 비교 여러 가지 모양 알아보기, 찾아보기 여러 가지 모양 만들기, 그리기 규칙 찾기 10을 두 수로 가르기 10이 되도록 두 수를 모으기	100이 되는 더하기 10에서 빼기 세 수의 덧셈과 뺄셈 (몇십)+(몇), (몇십 몇)+(몇), (몇십 몇)+(몇십 몇) (몇십 몇)-(몇), (몇십 몇)-(몇십 몇) 긴바늘, 짧은바늘 알아보기 몇 시 알아보기 몇 시 30분 알아보기	세 수의 덧셈 받아올림이 있는 (몇)+(몇) 받아내림이 있는 (십 몇)-(몇) 세 수의 계산 덧셈식, 뺄셈식 만들기 □가 있는 덧셈식, 뺄셈식 만들기 여러 가지 방법으로 해결하기

F 단계 교재

F - ❶ 교재	F - ❷ 교재	F - ❸ 교재
백(100)과 몇백(200, 300, ……)의 개념 이해 세 자리 수와 뛰어 세기의 이해 세 자리 수의 크기 비교 받아올림이 있는 (두 자리 수)+(한 자리 수)의 계산 받아내림이 있는 (두 자리 수)-(한 자리 수)의 계산 세 수의 덧셈과 뺄셈 선분과 직선의 차이 이해 사각형, 삼각형, 원 등의 여러 가지 모양 쌓기나무로 똑같이 쌓아 보고 여러 가지 모양 만들기 배열 순서에 따라 규칙 찾아내기	받아올림이 있는 (두 자리 수)+(두 자리 수)의 계산 받아내림이 있는 (두 자리 수)-(두 자리 수)의 계산 여러 가지 방법으로 계산하고 세 수의 혼합 계산 길이 비교와 단위길이의 비교 길이의 단위(cm) 알기 길이 재기와 길이 어림하기 어떤 수를 □로 나타내기 덧셈식·뺄셈식에서 □의 값 구하기 어떤 수를 구하는 식 만들기 식에 알맞은 문제 만들기	시각 읽기 시각과 시간의 차이 알기 하루의 시간 알기 달력을 보며 1년 알기 몇 시 몇 분 알기 반 시간 알기 묶어 세기 몇 배 알아보기 더하기를 곱하기로 나타내기 덧셈식과 곱셈식으로 나타내기
F - ❹ 교재	**F - ❺ 교재**	**F - ❻ 교재**
2~9의 단 곱셈구구 익히기 1의 단 곱셈구구와 0의 곱 곱셈표에서 규칙 찾기 받아올림이 없는 세 자리 수의 덧셈 받아내림이 없는 세 자리 수의 뺄셈 여러 가지 방법으로 계산하기 미터(m)와 센티미터(cm) 길이 재기 길이 어림하기 길이의 합과 차	받아올림이 있는 세 자리 수의 덧셈 받아내림이 있는 세 자리 수의 뺄셈 여러 가지 방법으로 덧셈·뺄셈하기 세 수의 혼합 계산 똑같이 나누기 전체와 부분의 크기 분수의 쓰기와 읽기 분수만큼 색칠하고 분수로 나타내기 표와 그래프로 나타내기 조사하여 표와 그래프로 나타내기	□가 있는 곱셈식을 만들어 문제 해결하기 규칙을 찾아 문제 해결하기 거꾸로 생각하여 문제 해결하기

단계 교재

G - ❶ 교재	G - ❷ 교재	G - ❸ 교재
1000의 개념 알기 몇천, 네 자리 수 알기 수의 자릿값 알기 뛰어 세기, 두 수의 크기 비교 세 자리 수의 덧셈 덧셈의 여러 가지 방법 세 자리 수의 뺄셈 뺄셈의 여러 가지 방법 각과 직각의 이해 직각삼각형, 직사각형, 정사각형의 이해	똑같이 묶어 덜어 내기와 똑같게 나누기 나눗셈의 몫 곱셈과 나눗셈의 관계 나눗셈의 몫을 구하는 방법 나눗셈의 세로 형식 곱셈을 활용하여 나눗셈의 몫 구하기 평면도형 밀기, 뒤집기, 돌리기 평면도형 뒤집고 돌리기 (몇십)×(몇)의 계산 (두 자리 수)×(한 자리 수)의 계산	분수만큼 알기와 분수로 나타내기 몇 개인지 알기 분수의 크기 비교 mm 단위를 알기와 mm 단위까지 길이 재기 km 단위를 알기 km, m, cm, mm의 단위가 있는 길이의 합과 차 구하기 시각과 시간의 개념 알기 1초의 개념 알기 시간의 합과 차 구하기

G - ❹ 교재	G - ❺ 교재	G - ❻ 교재
(네 자리 수)+(세 자리 수) (네 자리 수)+(네 자리 수) (네 자리 수)−(세 자리 수) (네 자리 수)−(네 자리 수) 세 수의 덧셈과 뺄셈 (세 자리 수)×(한 자리 수) (몇십)×(몇십) / (두 자리 수)×(몇십) (두 자리 수)×(두 자리 수) 원의 중심과 반지름 / 그리기 / 지름 / 성질	(몇십)÷(몇) 내림이 없는 (몇십 몇)÷(몇) 나눗셈의 몫과 나머지 나눗셈식의 검산 / (몇십 몇)÷(몇) 들이 / 들이의 단위 들이의 어림하기와 합과 차 무게 / 무게의 단위 무게의 어림하기와 합과 차 0.1 / 소수 알아보기 소수의 크기 비교하기	막대그래프 막대그래프 그리기 그림그래프 그림그래프 그리기 알맞은 그래프로 나타내기 규칙을 정해 무늬 꾸미기 규칙을 찾아 문제 해결 표를 만들어서 문제 해결 예상과 확인으로 문제 해결

단계 교재

H - ❶ 교재	H - ❷ 교재	H - ❸ 교재
만 / 다섯 자리 수 / 십만, 백만, 천만 억 / 조 / 큰 수 뛰어서 세기 두 수의 크기 비교 100, 1000, 10000, 몇백, 몇천의 곱 (세,네 자리 수)×(두 자리 수) 세 수의 곱셈 / 몇십으로 나누기 (두,세 자리 수)÷(두 자리 수) 각의 크기 / 각 그리기 / 각도의 합과 차 삼각형의 세 각의 크기의 합 사각형의 네 각의 크기의 합	이등변삼각형 / 이등변삼각형의 성질 정삼각형 / 예각과 둔각 예각삼각형 / 둔각삼각형 덧셈, 뺄셈 또는 곱셈, 나눗셈이 섞여 있는 혼합 계산 덧셈, 뺄셈, 곱셈, 나눗셈이 섞여 있는 혼합 계산 ( ), { }가 있는 혼합 계산 분수와 진분수 / 가분수와 대분수 대분수를 가분수로, 가분수를 대분수로 나타내기 분모가 같은 분수의 크기 비교	소수 소수 두 자리 수 소수 세 자리 수 소수 사이의 관계 소수의 크기 비교 규칙을 찾아 수로 나타내기 규칙을 찾아 글로 나타내기 새로운 무늬 만들기

H - ❹ 교재	H - ❺ 교재	H - ❻ 교재
분모가 같은 진분수의 덧셈 분모가 같은 대분수의 덧셈 분모가 같은 진분수의 뺄셈 분모가 같은 대분수의 뺄셈 분모가 같은 대분수와 진분수의 덧셈과 뺄셈 소수의 덧셈 / 소수의 뺄셈 수직과 수선 / 수선 긋기 평행선 / 평행선 긋기 평행선 사이의 거리	사다리꼴 / 평행사변형 / 마름모 직사각형과 정사각형의 성질 다각형과 정다각형 / 대각선 여러 가지 모양 만들기 여러 가지 모양으로 덮기 직사각형과 정사각형의 둘레 1cm² / 직사각형과 정사각형의 넓이 여러 가지 도형의 넓이 이상과 이하 / 초과와 미만 / 수의 범위 올림과 버림 / 반올림 / 어림의 활용	꺾은선그래프 꺾은선그래프 그리기 물결선을 사용한 꺾은선그래프 물결선을 사용한 꺾은선그래프 그리기 알맞은 그래프로 나타내기 꺾은선그래프의 활용 두 수 사이의 관계 두 수 사이의 관계를 식으로 나타내기 문제를 해결하고 풀이 과정을 설명하기

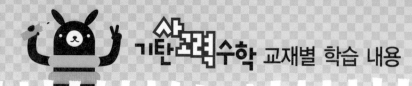

기탄교력수학 교재별 학습 내용

Ⅰ 단계 교재

Ⅰ-❶ 교재	Ⅰ-❷ 교재	Ⅰ-❸ 교재
약수 / 배수 / 배수와 약수의 관계 공약수와 최대공약수 공배수와 최소공배수 크기가 같은 분수 알기 크기가 같은 분수 만들기 분수의 약분 / 분수의 통분 분수의 크기 비교 / 진분수의 덧셈 대분수의 덧셈 / 진분수의 뺄셈 대분수의 뺄셈 / 세 분수의 덧셈과 뺄셈	세 분수의 덧셈과 뺄셈 (진분수)×(자연수) / (대분수)×(자연수) (자연수)×(진분수) / (자연수)×(대분수) (단위분수)×(단위분수) (진분수)×(진분수) / (대분수)×(대분수) 세 분수의 곱셈 / 합동인 도형의 성질 합동인 삼각형 그리기 면, 모서리, 꼭짓점 직육면체와 정육면체 직육면체의 성질 / 겨냥도 / 전개도	평행사변형의 넓이 삼각형의 넓이 사다리꼴의 넓이 마름모의 넓이 넓이의 단위 m^2, a 넓이의 단위 ha, km^2 넓이의 단위 관계 무게의 단위
Ⅰ-❹ 교재	**Ⅰ-❺ 교재**	**Ⅰ-❻ 교재**
분수와 소수의 관계 분수를 소수로, 소수를 분수로 나타내기 분수와 소수의 크기 비교 1÷(자연수)를 곱셈으로 나타내기 (자연수)÷(자연수)를 곱셈으로 나타내기 (진분수)÷(자연수) / (가분수)÷(자연수) (대분수)÷(자연수) 분수와 자연수의 혼합 계산 선대칭도형/선대칭의 위치에 있는 도형 점대칭도형/점대칭의 위치에 있는 도형	(소수)×(자연수) / (자연수)×(소수) 곱의 소수점의 위치 (소수)×(소수) 소수의 곱셈 (소수)÷(자연수) (자연수)÷(자연수) 줄기와 잎 그림 그림그래프 평균 자료를 그래프로 나타내고 설명하기	두 수의 크기 비교 비율 백분율 할푼리 실제로 해 보기와 표 만들기 그림 그리기와 식 만들기 예상하고 확인하기와 표 만들기 실제로 해 보기와 규칙 찾기

J 단계 교재

J-❶ 교재	J-❷ 교재	J-❸ 교재
(자연수)÷(단위분수) 분모가 같은 진분수끼리의 나눗셈 분모가 다른 진분수끼리의 나눗셈 (자연수)÷(진분수) / 대분수의 나눗셈 분수의 나눗셈 활용하기 소수의 나눗셈 / (자연수)÷(소수) 소수의 나눗셈에서 나머지 반올림한 몫 입체도형과 각기둥 / 각뿔 각기둥의 전개도 / 각뿔의 전개도	쌓기나무의 개수 쌓기나무의 각 자리, 각 층별로 나누어 개수 구하기 규칙 찾기 쌓기나무로 만든 것, 여러 가지 입체도형, 여러 가지 생활 속 건축물의 위, 앞, 옆 에서 본 모양 원주와 원주율 / 원의 넓이 띠그래프 알기 / 띠그래프 그리기 원그래프 알기 / 원그래프 그리기	비례식 비의 성질 가장 작은 자연수의 비로 나타내기 비례식의 성질 비례식의 활용 연비 두 비의 관계를 연비로 나타내기 연비의 성질 비례배분 연비로 비례배분
J-❹ 교재	**J-❺ 교재**	**J-❻ 교재**
(소수)÷(분수) / (분수)÷(소수) 분수와 소수의 혼합 계산 원기둥 / 원기둥의 전개도 원뿔 회전체 / 회전체의 단면 직육면체와 정육면체의 겉넓이 부피의 비교 / 부피의 단위 직육면체와 정육면체의 부피 부피의 큰 단위 부피와 들이 사이의 관계	원기둥의 겉넓이 원기둥의 부피 경우의 수 순서가 있는 경우의 수 여러 가지 경우의 수 확률 미지수를 x로 나타내기 등식 알기 / 방정식 알기 등식의 성질을 이용하여 방정식 풀기 방정식의 활용	두 수 사이의 대응 관계 / 정비례 정비례를 활용하여 생활 문제 해결하기 반비례 반비례를 활용하여 생활 문제 해결하기 그림을 그리거나 식을 세워 문제 해결하기 거꾸로 생각하거나 식을 세워 문제 해결하기 표를 작성하거나 예상과 확인을 통하여 문제 해결하기 여러 가지 방법으로 문제 해결하기 새로운 문제를 만들어 풀어 보기

사고력도 탄탄! 창의력도 탄탄!
기탄고력수학

F4

🐤 **F181a ~ F195b**

학습 관리표

학습 내용		이번 주는?

곱셈구구	· 2~9의 단 곱셈구구 익히기
	· 1의 단 곱셈구구와 0의 곱
	· 곱셈표에서 규칙 찾기
	· 창의력 학습
	· 경시 대회 예상 문제
		• 학습 방법 : ① 매일매일 ② 가끔 ③ 한꺼번에
		  하였습니다.
		• 학습 태도 : ① 스스로 잘 ② 시켜서 억지로
		  하였습니다.
		• 학습 흥미 : ① 재미있게 ② 싫증내며
		  하였습니다.
		• 교재 내용 : ① 적합하다고 ② 어렵다고 ③ 쉽다고
		  하였습니다.

지도 교사가 부모님께	부모님이 지도 교사께

평가	Ⓐ 아주 잘함　　Ⓑ 잘함　　Ⓒ 보통　　Ⓓ 부족함

원(교)　　　　　반　　이름　　　　　전화

기초부터 탄탄하게
G 기탄교육
www.gitan.co.kr / (02)586-1007(대)

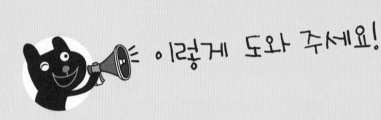
이렇게 도와 주세요!

● 학습 목표
- 2~9의 단 곱셈구구의 구성 원리를 이해하고 외울 수 있다.
- 곱셈구구를 활용하는 여러 가지 문제를 해결할 수 있다.
- 곱셈표에서 여러 가지 규칙을 찾을 수 있고, 두 수를 바꾸어 곱할 수 있다.

● 지도 내용
- 2~9의 단 곱셈구구의 구성 원리를 이해하고, 곱셈을 해결한다.
- 2~9의 단 곱셈구구표를 외워서 완성하게 한다.
- 1의 단 곱셈구구의 구성 원리와 0의 곱을 이해하게 한다.
- 곱셈을 활용하여 여러 가지 문제를 풀어 보게 한다.
- 곱셈표에서 여러 가지 규칙을 찾게 한다.

● 지도 요점
앞에서 학습한 묶어 세기, 같은 수를 여러 번 더하기, 배의 개념 등을 통하여 각 단의
곱셈구구표를 만들어 보게 하고, 곱셈구구를 외워서 (한 자리 수)×(한 자리 수)의 곱
을 쉽게 구할 수 있도록 합니다. 또, 1의 단 곱셈구구의 구성 원리와 0과 어떤 수의
곱, 어떤 수와 0의 곱은 항상 0임을 이해하게 하고, 곱셈을 활용하여 생활 장면의 문
제를 해결할 때 적용해 보도록 합니다.
또한, 곱셈표에서 여러 가지 규칙을 찾게 하고, 두 수를 바꾸어 곱하는 활동을 통하여
곱셈의 교환법칙을 이해하게 합니다.

✿ 이름 :

✿ 날짜 :

✿ 시간 : 시 분 ~ 시 분

확인

◆ **2의 단 곱셈구구 :** 곱이 2씩 커집니다.

×	1	2	3	4	5	6	7	8	9
2	2	4	6	8	10	12	14	16	18

2 2 2 2 2 2 2 2

🐸 다음 ☐ 안에 알맞은 수를 써넣으시오.(1~9)

1. 2 = 2 × 1 = ☐2☐

2. 2 + 2 = 2 × 2 = ☐

3. 2 + 2 + 2 = 2 × ☐ = ☐

4. 2 + 2 + 2 + 2 = 2 × ☐ = ☐

5. 2 + 2 + 2 + 2 + 2 = 2 × ☐ = ☐

6. 2 + 2 + 2 + 2 + 2 + 2 = 2 × ☐ = ☐

7. 2 + 2 + 2 + 2 + 2 + 2 + 2 = 2 × ☐ = ☐

8. 2 + 2 + 2 + 2 + 2 + 2 + 2 + 2 = 2 × ☐ = ☐

9. 2 + 2 + 2 + 2 + 2 + 2 + 2 + 2 + 2 = 2 × ☐ = ☐

10. 2의 단 곱셈구구표를 만들어 보시오.

×	l	2	3	4	5	6	7	8	9
2	2								

11. 빈칸에 알맞은 수를 써넣으시오.

(1)

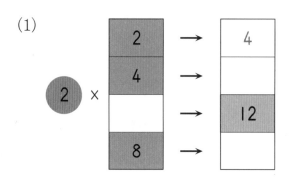

(2)

2 × ☐ = ☐

(3)

☐ × ☐ = ☐

12. ☐ 안에 알맞은 수를 써넣으시오.

2 × 3은 2 × 2보다 ☐ 만큼 더 큽니다.

⇒ 2 × 3 = (2 × 2) + ☐

♣ 이름 :

♣ 날짜 :

♣ 시간 : 시 분 ~ 시 분

확인

◆ **3의 단 곱셈구구 : 곱이 3씩 커집니다.**

×	1	2	3	4	5	6	7	8	9
3	3	6	9	12	15	18	21	24	27

3 3 3 3 3 3 3 3

🐸 다음 ☐ 안에 알맞은 수를 써넣으시오.(1~9)

1. 3 = 3 × 1 = ☐ 3

2. 3 + 3 = 3 × 2 = ☐

3. 3 + 3 + 3 = 3 × ☐ = ☐

4. 3 + 3 + 3 + 3 = 3 × ☐ = ☐

5. 3 + 3 + 3 + 3 + 3 = 3 × ☐ = ☐

6. 3 + 3 + 3 + 3 + 3 + 3 = 3 × ☐ = ☐

7. 3 + 3 + 3 + 3 + 3 + 3 + 3 = 3 × ☐ = ☐

8. 3 + 3 + 3 + 3 + 3 + 3 + 3 + 3 = 3 × ☐ = ☐

9. 3 + 3 + 3 + 3 + 3 + 3 + 3 + 3 + 3 = 3 × ☐ = ☐

10. 3의 단 곱셈구구표를 만들어 보시오.

×	I	2	3	4	5	6	7	8	9
3	3								

11. 빈칸에 알맞은 수를 써넣으시오.

(1)

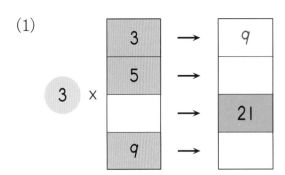

(2)

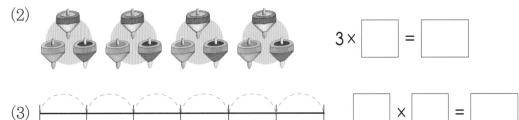

$$3 \times \boxed{} = \boxed{}$$

(3)

$$\boxed{} \times \boxed{} = \boxed{}$$

12. ☐ 안에 알맞은 수를 써넣으시오.

3×8은 3×7보다 $\boxed{}$ 만큼 더 큽니다.

$\Rightarrow 3 \times 8 = (3 \times 7) + \boxed{}$

사고력 학습

✿ 이름 :

✿ 날짜 :

✿ 시간 :　　시　　분 ~　　시　　분

확인

◆ **4의 단 곱셈구구 : 곱이 4씩 커집니다.**

×	1	2	3	4	5	6	7	8	9
4	4	8	12	16	20	24	28	32	36

4　　4　　4　　4　　4　　4　　4　　4

🐸 다음 ☐ 안에 알맞은 수를 써넣으시오.(1~9)

1. $4 = 4 \times 1 = \boxed{4}$

2. $4 + 4 = 4 \times 2 = \boxed{}$

3. $4 + 4 + 4 = 4 \times \boxed{} = \boxed{}$

4. $4 + 4 + 4 + 4 = 4 \times \boxed{} = \boxed{}$

5. $4 + 4 + 4 + 4 + 4 = 4 \times \boxed{} = \boxed{}$

6. $4 + 4 + 4 + 4 + 4 + 4 = 4 \times \boxed{} = \boxed{}$

7. $4 + 4 + 4 + 4 + 4 + 4 + 4 = 4 \times \boxed{} = \boxed{}$

8. $4 + 4 + 4 + 4 + 4 + 4 + 4 + 4 = 4 \times \boxed{} = \boxed{}$

9. $4 + 4 + 4 + 4 + 4 + 4 + 4 + 4 + 4 = 4 \times \boxed{} = \boxed{}$

 **F-183b** .

10. 4의 단 곱셈구구표를 만들어 보시오.

×	1	2	3	4	5	6	7	8	9
4	4								

11. 빈칸에 알맞은 수를 써넣으시오.

(1)

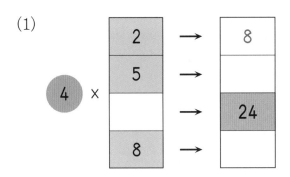

(2)  4 × ☐ = ☐

(3)
```
|-----|-----|-----|
0     4     8     12
```
☐ × ☐ = ☐

12. ☐ 안에 알맞은 수를 써넣으시오.

4 × 4는 4 × 3보다 ☐ 만큼 더 큽니다.

⇒ 4 × 4 = (4 × 3) + ☐

 사고력 학습

◆ **5의 단 곱셈구구 : 곱이 5씩 커집니다.**

×	1	2	3	4	5	6	7	8	9
5	5	10	15	20	25	30	35	40	45

5　5　5　5　5　5　5　5

🐸 다음 ☐ 안에 알맞은 수를 써넣으시오.(1~9)

1. 5 = 5 × 1 = ☐5

2. 5 + 5 = 5 × 2 = ☐

3. 5 + 5 + 5 = 5 × ☐ = ☐

4. 5 + 5 + 5 + 5 = 5 × ☐ = ☐

5. 5 + 5 + 5 + 5 + 5 = 5 × ☐ = ☐

6. 5 + 5 + 5 + 5 + 5 + 5 = 5 × ☐ = ☐

7. 5 + 5 + 5 + 5 + 5 + 5 + 5 = 5 × ☐ = ☐

8. 5 + 5 + 5 + 5 + 5 + 5 + 5 + 5 = 5 × ☐ = ☐

9. 5 + 5 + 5 + 5 + 5 + 5 + 5 + 5 + 5 = 5 × ☐ = ☐

10. 5의 단 곱셈구구표를 만들어 보시오.

×	1	2	3	4	5	6	7	8	9
5	5								

11. 빈칸에 알맞은 수를 써넣으시오.

(1)

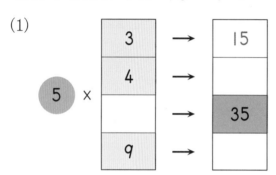

(2)

$5 \times \boxed{} = \boxed{}$

(3)

0 5 10

$\boxed{} \times \boxed{} = \boxed{}$

12. □ 안에 알맞은 수를 써넣으시오.

5×5 는 5×4 보다 $\boxed{}$ 만큼 더 큽니다.

$\Rightarrow 5 \times 5 = (5 \times 4) + \boxed{}$

✿이름 :

✿날짜 :

✿시간 :　　시　　분 ~　　시　　분

확인

◆ **6의 단 곱셈구구 : 곱이 6씩 커집니다.**

×	1	2	3	4	5	6	7	8	9
6	6	12	18	24	30	36	42	48	54

6　　6　　6　　6　　6　　6　　6　　6

🐸 다음 ☐ 안에 알맞은 수를 써넣으시오.(1~9)

1. 6 = 6 × 1 = ☐ 6

2. 6 + 6 = 6 × 2 = ☐

3. 6 + 6 + 6 = 6 × ☐ = ☐

4. 6 + 6 + 6 + 6 = 6 × ☐ = ☐

5. 6 + 6 + 6 + 6 + 6 = 6 × ☐ = ☐

6. 6 + 6 + 6 + 6 + 6 + 6 = 6 × ☐ = ☐

7. 6 + 6 + 6 + 6 + 6 + 6 + 6 = 6 × ☐ = ☐

8. 6 + 6 + 6 + 6 + 6 + 6 + 6 + 6 = 6 × ☐ = ☐

9. 6 + 6 + 6 + 6 + 6 + 6 + 6 + 6 + 6 = 6 × ☐ = ☐

10. 6의 단 곱셈구구표를 만들어 보시오.

×	1	2	3	4	5	6	7	8	9
6	6								

11. 빈칸에 알맞은 수를 써넣으시오.

(1)

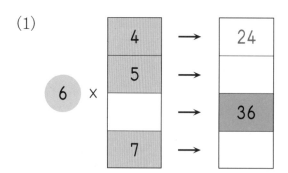

(2)

$6 \times \boxed{} = \boxed{}$

(3)

```
  0    6    12    18
```

$\boxed{} \times \boxed{} = \boxed{}$

12. ☐ 안에 알맞은 수를 써넣으시오.

6×2는 6×1보다 $\boxed{}$ 만큼 더 큽니다.

⇒ 6×2=(6×1)+$\boxed{}$

✿ 이름 :

✿ 날짜 :

✿ 시간 :　　시　　분 ~ 　　시　　분

◆ **7의 단 곱셈구구 :** 곱이 7씩 커집니다.

×	1	2	3	4	5	6	7	8	9
7	7	14	21	28	35	42	49	56	63

　　7　　7　　7　　7　　7　　7　　7　　7

🐸 다음 ☐ 안에 알맞은 수를 써넣으시오.(1~9)

1. 　7 = 7 × 1 = ☐ 7

2. 　7 + 7 = 7 × 2 = ☐

3. 　7 + 7 + 7 = 7 × ☐ = ☐

4. 　7 + 7 + 7 + 7 = 7 × ☐ = ☐

5. 　7 + 7 + 7 + 7 + 7 = 7 × ☐ = ☐

6. 　7 + 7 + 7 + 7 + 7 + 7 = 7 × ☐ = ☐

7. 　7 + 7 + 7 + 7 + 7 + 7 + 7 = 7 × ☐ = ☐

8. 　7 + 7 + 7 + 7 + 7 + 7 + 7 + 7 = 7 × ☐ = ☐

9. 　7 + 7 + 7 + 7 + 7 + 7 + 7 + 7 + 7 = 7 × ☐ = ☐

10. 7의 단 곱셈구구표를 만들어 보시오.

×	1	2	3	4	5	6	7	8	9
7	7								

11. 빈칸에 알맞은 수를 써넣으시오.

(1)

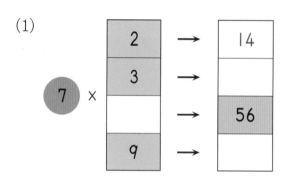

(2)

$7 \times \boxed{} = \boxed{}$

(3)

```
  0    7    14   21   28
```

$\boxed{} \times \boxed{} = \boxed{}$

12. □ 안에 알맞은 수를 써넣으시오.

7×6은 7×5보다 $\boxed{}$ 만큼 더 큽니다.

⇒ 7×6=(7×5)+ $\boxed{}$

♣ 이름 :

♣ 날짜 :

♣ 시간 : 　시　　분～　시　　분

확인

◆ **8의 단 곱셈구구 : 곱이 8씩 커집니다.**

×	1	2	3	4	5	6	7	8	9
8	8	16	24	32	40	48	56	64	72

8　　8　　8　　8　　8　　8　　8　　8

🐸 다음 ☐ 안에 알맞은 수를 써넣으시오.(1~9)

1. $8 = 8 \times 1 = \boxed{8}$

2. $8 + 8 = 8 \times 2 = \boxed{}$

3. $8 + 8 + 8 = 8 \times \boxed{} = \boxed{}$

4. $8 + 8 + 8 + 8 = 8 \times \boxed{} = \boxed{}$

5. $8 + 8 + 8 + 8 + 8 = 8 \times \boxed{} = \boxed{}$

6. $8 + 8 + 8 + 8 + 8 + 8 = 8 \times \boxed{} = \boxed{}$

7. $8 + 8 + 8 + 8 + 8 + 8 + 8 = 8 \times \boxed{} = \boxed{}$

8. $8 + 8 + 8 + 8 + 8 + 8 + 8 + 8 = 8 \times \boxed{} = \boxed{}$

9. $8 + 8 + 8 + 8 + 8 + 8 + 8 + 8 + 8 = 8 \times \boxed{} = \boxed{}$

10. 8의 단 곱셈구구표를 만들어 보시오.

×	1	2	3	4	5	6	7	8	9
8	8								

11. 빈칸에 알맞은 수를 써넣으시오.

(1)

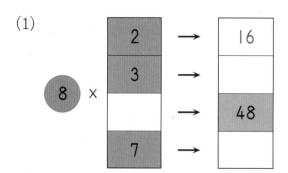

(2)

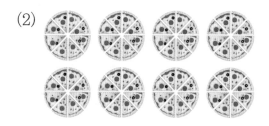

$8 \times \boxed{} = \boxed{}$

(3)

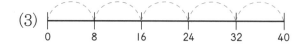

$\boxed{} \times \boxed{} = \boxed{}$

12. ☐ 안에 알맞은 수를 써넣으시오.

8×9는 8×8보다 $\boxed{}$ 만큼 더 큽니다.

$\Rightarrow 8 \times 9 = (8 \times 8) + \boxed{}$

F-188a

◆ **9의 단 곱셈구구** : 곱이 9씩 커집니다.

×	1	2	3	4	5	6	7	8	9
9	9	18	27	36	45	54	63	72	81

9 9 9 9 9 9 9 9

🐸 다음 ☐ 안에 알맞은 수를 써넣으시오.(1~9)

1. $9 = 9 \times 1 = \boxed{9}$

2. $9 + 9 = 9 \times 2 = \boxed{}$

3. $9 + 9 + 9 = 9 \times \boxed{} = \boxed{}$

4. $9 + 9 + 9 + 9 = 9 \times \boxed{} = \boxed{}$

5. $9 + 9 + 9 + 9 + 9 = 9 \times \boxed{} = \boxed{}$

6. $9 + 9 + 9 + 9 + 9 + 9 = 9 \times \boxed{} = \boxed{}$

7. $9 + 9 + 9 + 9 + 9 + 9 + 9 = 9 \times \boxed{} = \boxed{}$

8. $9 + 9 + 9 + 9 + 9 + 9 + 9 + 9 = 9 \times \boxed{} = \boxed{}$

9. $9 + 9 + 9 + 9 + 9 + 9 + 9 + 9 + 9 = 9 \times \boxed{} = \boxed{}$

10. 9의 단 곱셈구구표를 만들어 보시오.

×	l	2	3	4	5	6	7	8	9
9	9								

11. 빈칸에 알맞은 수를 써넣으시오.

(1)

9 ×

4	→	36
5	→	
	→	72
9	→	

(2)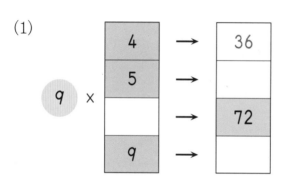

9 × ☐ = ☐

(3)

```
 ├──────┼──────┤
 0      9     18
```

☐ × ☐ = ☐

12. ☐ 안에 알맞은 수를 써넣으시오.

9 × 7은 9 × 6보다 ☐ 만큼 더 큽니다.

⇒ 9 × 7 = (9 × 6) + ☐

✿ 이름 :

✿ 날짜 :

✿ 시간 : 　시　　분 ~ 　시　　분

확인

🐸 다음 곱셈구구표를 완성하시오.(1~4)

1.

×	1	2	3	4	5	6	7	8	9
2			6				14		
3					15			24	

2.

×	1	2	3	4	5	6	7	8	9
4		8					28		
5				20				40	

3.

×	1	2	3	4	5	6	7	8	9
6		12							54
7			21		35				

4.

×	1	2	3	4	5	6	7	8	9
8	8			32					
9		18					63		

F-189b

5. 병아리 6마리가 마당에서 놀고 있습니다. 마당에서 놀고 있는 병아리의 다리는 모두 몇 개입니까?

[식]   [답]

6. 주차장에 승용차가 7대 있습니다. 주차장에 있는 승용차의 바퀴는 모두 몇 개입니까?

[식]   [답]

7. 한 대에 7명씩 탈 수 있는 승합차가 8대 있습니다. 모두 몇 명이 탈 수 있습니까?

[식]   [답]

8. 연필을 1명에게 3자루씩 9명에게 나누어 주려고 합니다. 연필은 모두 몇 자루 필요합니까?

[식]   [답]

✿ 이름 :

✿ 날짜 :

✿ 시간 :　　시　　분 ~ 　　시　　분

확인

◆ 1의 단 곱셈구구

×	1	2	3	4	5	6	7	8	9
1	1	2	3	4	5	6	7	8	9

1과 어떤 수의 곱, 어떤 수와 1의 곱은 항상 어떤 수입니다.

➡ 1 × ■ = ■,　 ■ × 1 = ■

◆ 0의 곱

×	1	2	3	4	5	6	7	8	9
0	0	0	0	0	0	0	0	0	0

0과 어떤 수의 곱, 어떤 수와 0의 곱은 항상 0입니다.

➡ 0 × ■ = 0,　 ■ × 0 = 0

🐸 다음 ☐ 안에 알맞은 수를 써넣으시오.(1~6)

1.　 $1 \times 7 =$ ☐

2.　 $8 \times 0 =$ ☐

3.　 $0 \times 3 =$ ☐

4.　 $5 \times 1 =$ ☐

5.　 $1 \times 9 =$ ☐

6.　 $1 \times 0 =$ ☐

7. 빈칸에 알맞은 수를 써넣으시오.

(1)
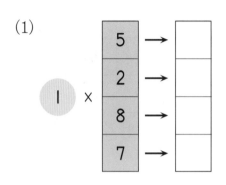

(2)
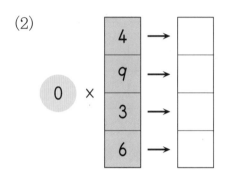

8. 0×5의 값과 같은 것에 모두 ○표 하시오.

$$1×5, \quad 0×9, \quad 5×0, \quad 5×1, \quad 0×1, \quad 7×0$$

9. 유진이는 과녁 맞히기 놀이를 하여 오른쪽 그림과 같이 맞혔습니다. 유진이가 얻은 점수를 알아보시오.

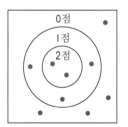

(1) 점수판을 완성해 보시오.

과녁판(점)	0	1	2
맞힌 횟수(회)	4	3	2
얻은 점수(점)			

(2) 유진이는 모두 몇 점을 얻었습니까? [답]

문제 해결력 학습

기탄고력수학

F-191a

🐸 다음 곱셈표를 보고 물음에 답하시오.(1~6)

×	1	2	3	4	5	6	7	8	9
1	1	2	3	4	5	6	7	8	9
2	2	4	6	8		12		16	
3	3	6	9		15	18	21		
4	4	8	12	16		24	28	32	
5	5		15		25		35		45
6				24	30	36		48	54
7				35	42	49	56		
8	8		24		40		56		72
9		18		36		54		72	

1. 왼쪽의 곱셈표를 완성하시오.

2. 2의 단 곱셈구구에서는 곱이 얼마씩 커집니까?

   [답]

3. 3의 단, 4의 단 곱셈구구에서는 곱이 각각 ☐, ☐ 씩 커집니다.

4. 6×7은 7×6과 같습니까?

   [답]

5. 5의 단에서 일의 자리 숫자들의 규칙을 쓰시오.

   [답]

6. 9의 단에서 일의 자리 숫자들의 규칙을 쓰시오.

   [답]

👻 곱셈표의 일부분입니다. 물음에 답하시오.(7~9)

×	1	2	3	4	5	6
1	1	2	3	4	5	6
2	2	4	6	8	10	12
3	3	6	9	12	15	18
4	4	8	12	16	20	24
5	5	10	15	20	25	30
6	6	12	18	24	30	36

7. 빨간색 선으로 둘러싸여 있는 수들과 규칙이 같은 곳을 찾아 색칠하시오.

8. 파란색 선으로 둘러싸여 있는 수들은 어떤 규칙이 있습니까?

[답]

9. 점선을 따라 접었을 때 만나는 수들은 서로 같습니까, 다릅니까?

[답]

10. 그림을 보고 곱셈식을 만들어 보시오.

5 × ☐ = ☐

☐ × 5 = ☐

11. ☐ 안에 알맞은 수를 써넣으시오.

(1) 3 × 6 = 6 × ☐

(2) 8 × 5 = ☐ × 8

✿ 이름 :

✿ 날짜 :

✿ 시간 :　　 시　　 분 ~ 　　 시　　 분

확인

1. 곱셈구구표를 완성하고 □ 안에 알맞은 수를 써넣으시오.

x	1	2	3	4	5	6	7	8	9
7	7	14							

곱이 □ 씩 커집니다.

2. □ 안에 알맞은 수를 써넣으시오.

(1) 2 × □ = 16

(2) 4 × □ = 20

(3) □ × 5 = 35

(4) □ × 8 = 48

3. ○ 안에 >, =, <를 알맞게 써넣으시오.

(1) 3 × 6 ○ 9 × 2

(2) 6 × 4 ○ 7 × 3

4. 곱이 큰 것부터 차례로 기호를 쓰시오.

ㄱ 4 × 8　　 ㄴ 6 × 6　　 ㄷ 8 × 3　　 ㄹ 9 × 3

[답]

5. 8의 단 곱셈구구의 곱이 아닌 것은 어느 것입니까?

   ① 16   ② 32   ③ 42   ④ 64   ⑤ 72

6. 빈칸에 알맞은 수를 써넣으시오.

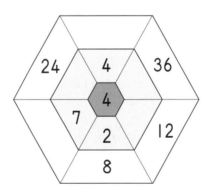

7. 빈 곳에 알맞은 수를 써넣으시오.

8. 빈 곳에 알맞은 수를 써넣으시오.

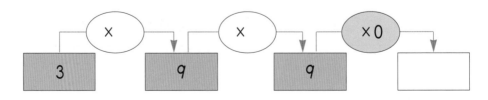

F-193a

★ 이름 :

★ 날짜 :

★ 시간 : 　시　　분 ~ 　시　　분

1. 곱셈표에서 빨간색 선으로 둘러싸인 수들에는 어떤 규칙이 있습니까?

×	3	4	5	6	7	8
5	15	20	25	30	35	40
6	18	24	30	36	42	48

[답]

2. 곱셈표의 일부분입니다. 점선을 따라 접었을 때, ★과 만나는 곳에 알맞은 수를 써넣으시오.

×	6	7	8	9
6				
7				
8				
9		★		

3. 세 식의 곱은 모두 같습니다. □ 안에 공통으로 들어갈 수를 구하시오.

□ × 4,　6 × □,　□ × 8

[답]

4. 그림을 보고 곱셈식을 만들어 보시오.

6 × □ = □

2 × □ = □

5. 성민이는 수학 문제를 하루에 6문제씩 풀었습니다. 성민이가 일주일 동안 푼 수학 문제는 모두 몇 문제입니까?

[답]

6. 구슬을 정숙이는 5개씩 4묶음 가지고 있고, 예진이는 3개씩 7묶음 가지고 있습니다. 누가 몇 개 더 많이 가지고 있습니까?

[답]

7. 공 꺼내기 놀이에서 하경이는 0이 쓰인 공을 3개 꺼냈고, 1이 쓰인 공을 하나도 꺼내지 못했습니다. 하경이가 얻은 점수는 모두 몇 점입니까?

[답]

8. 사과가 한 봉지에 6개씩 2봉지 있습니다. 이것을 한 접시에 2개씩 담으려면 접시는 모두 몇 개 필요합니까?

[답]

F-194a

🌸 이름 :

🌸 날짜 :

🌸 시간 :　시　분 ~　시　분

확인

🔵 창의력 학습

곱셈구구가 올바르게 된 길로 가야지만 토순이가 당근을 찾을 수 있다고 합니다. 토순이가 당근을 찾아 맛있게 먹을 수 있도록 함께 길을 찾아가 보시오.

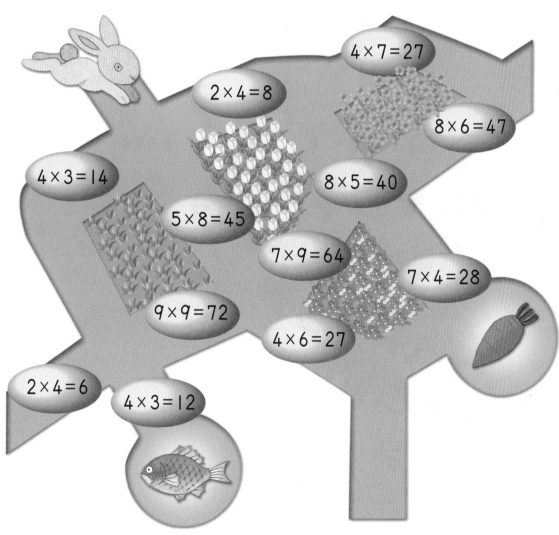

마녀의 성에 공주님이 갇혀 있습니다. 왕자님이 공주님을 구하러 먼 길을 달려왔습니다. 그런데 마녀의 성으로 들어가는 계단에는 계산 문제가 적혀 있습니다. 계산이 바르게 된 계단을 밟아야지만 성으로 들어갈 수 있다고 합니다. 몇 번 계단을 밟고 올라가야 합니까?

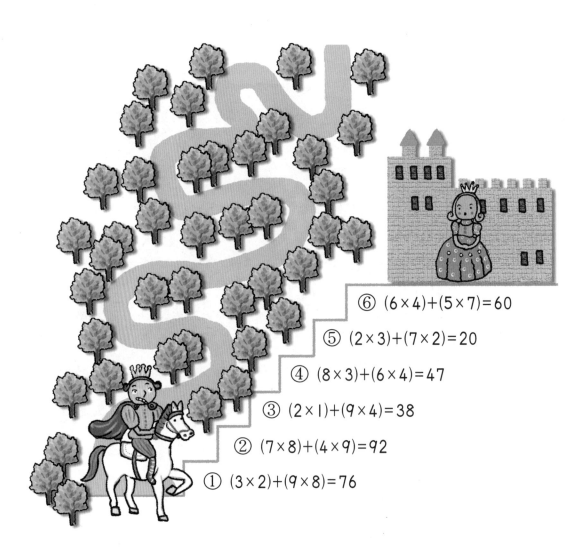

⑥ $(6 \times 4)+(5 \times 7)=60$

⑤ $(2 \times 3)+(7 \times 2)=20$

④ $(8 \times 3)+(6 \times 4)=47$

③ $(2 \times 1)+(9 \times 4)=38$

② $(7 \times 8)+(4 \times 9)=92$

① $(3 \times 2)+(9 \times 8)=76$

✿ 이름 :

✿ 날짜 :

✿ 시간 :　　　시　　　분 ~　　　시　　　분

확인

➕ 경시 대회 예상 문제

1. ☐ 안에 알맞은 수를 써넣으시오.

(1) $4 \times 8 = (4 \times 7) + \boxed{}$

(2) $9 \times 5 = (9 \times \boxed{}) + 9$

2. ☐ 안에 들어갈 수 있는 수는 모두 몇 개입니까?

$$6 \times \boxed{} < 35$$

[답]

3. 오른쪽 곱셈표에서 ★에 들어갈 알맞은 수를 구하는 곱셈식을 2가지 쓰시오.

[답]

×	4	5	6	7
4				
5				
6				★
7				

4. ★은 모두 몇 개인지 3가지 방법으로 알아보시오.

(1) $(5 \times \boxed{}) + (2 \times \boxed{}) = \boxed{}$

(2) $(2 \times \boxed{}) + (3 \times \boxed{}) = \boxed{}$

(3) $(5 \times \boxed{}) - (3 \times \boxed{}) = \boxed{}$

5. 9와 5의 곱에 어떤 수를 더하였더니 60이 되었습니다. 어떤 수는 얼마입니까?

[답]

6. (한 자리 수)×(한 자리 수)는 18이고 큰 수는 작은 수의 2배입니다. 두 수 중에서 큰 수는 얼마입니까?

[답]

7. 규칙을 찾아 빈 곳에 알맞은 수를 써넣으시오.

(1)

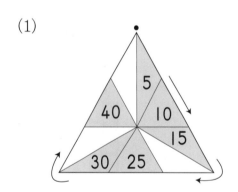

(2)

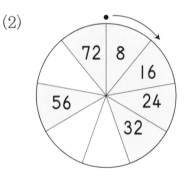

8. [보기]를 보고 규칙을 찾아 빈칸에 알맞은 수를 써넣으시오.

보기		3				4				6	
	2	12	6		3		8		4		
기		4				6				6	

사고력도 탄탄! 창의력도 탄탄!

기탄사고력수학

F4

F196a ~ F210b

학습 관리표

학습 내용		이번 주는?
덧셈과 뺄셈 (1)	· 받아올림이 없는 세 자리 수의 덧셈 · 받아내림이 없는 세 자리 수의 뺄셈 · 여러 가지 방법으로 계산하기 · 창의력 학습 · 경시 대회 예상 문제	• 학습 방법 : ① 매일매일 ② 가끔 ③ 한꺼번에 하였습니다. • 학습 태도 : ① 스스로 잘 ② 시켜서 억지로 하였습니다. • 학습 흥미 : ① 재미있게 ② 싫증내며 하였습니다. • 교재 내용 : ① 적합하다고 ② 어렵다고 ③ 쉽다고 하였습니다.

지도 교사가 부모님께	부모님이 지도 교사께

평가	Ⓐ 아주 잘함	Ⓑ 잘함	Ⓒ 보통	Ⓓ 부족함

원(교)　　　　　반　　이름　　　　　　전화

기초부터 탄탄하게

G 기탄교육

www.gitan.co.kr / (02)586-1007(대)

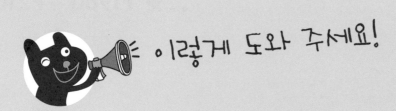

이렇게 도와 주세요!

● **학습 목표**
– 받아올림이 없는 세 자리 수의 덧셈을 할 수 있다.
– 받아내림이 없는 세 자리 수의 뺄셈을 할 수 있다.
– 받아올림이나 받아내림이 없는 세 자리 수끼리의 덧셈과 뺄셈을 여러 가지 방법으로
　할 수 있다.

● **지도 내용**
– 받아올림이 없는 (몇백)+(몇백), (몇백 몇십)+(몇백 몇십)의 합을 어림하여 알게 하고,
　계산 원리와 형식을 이해하고 계산하게 한다.
– 받아올림이 없는 세 자리 수끼리의 합을 어림하여 알게 하고, 계산 원리와 형식을 이해
　하고 계산하게 한다.
– 받아내림이 없는 (몇백)−(몇백), (몇백 몇십)−(몇백 몇십)의 차를 어림하여 알게 하고,
　계산 원리와 형식을 이해하고 계산하게 한다.
– 받아내림이 없는 세 자리 수끼리의 차를 어림하여 알게 하고, 계산 원리와 형식을 이해
　하고 계산하게 한다.
– 여러 가지 방법으로 합과 차를 구하는 방법을 알고 계산하게 한다.

● **지도 요점**
상품의 수량, 물건의 값 등 생활 장면에서 쉽게 접할 수 있는 것들로 문제를 제시해 주
고, 수 모형이나 동전 등의 조작 활동을 통하여 계산 원리를 이해시킨 후, 계산을 능숙
하게 할 수 있도록 합니다.
그리고 세 자리 수의 합과 차를 세로셈의 형식으로 능숙하게 구할 수 있도록 하고, 암
산 능력을 길러 주기 위하여 다양한 방법으로 합과 차를 구할 수 있게 지도합니다.
기계적인 계산보다는 문제 상황에 대한 이해를 바탕으로 계산하게 하고, 계산하기 전에
답을 어림하여 짐작하게 하여 수 감각을 기르게 합니다.

❀ 이름 :

❀ 날짜 :

❀ 시간 :　　　시　　분 ~　　시　　분

확인

◆ 받아올림이 없는 (몇백)+(몇백)

• 300+200의 계산

$$
\begin{array}{r}
300 \\
+200 \\
\hline
500
\end{array}
\quad
\begin{array}{l}
\leftarrow\ 100\text{이 } 3 \\
\leftarrow\ 100\text{이 } 2 \\
\leftarrow\ 100\text{이 } 5
\end{array}
\Rightarrow
$$

300은 100씩 3묶음이고 200은 100씩 2묶음입니다. 따라서 300과 200의 합은 100씩 5묶음이므로 500입니다.

🐸 다음 ☐ 안에 알맞은 수를 써넣으시오.(1~4)

1.
$$
\begin{array}{r}
300 \\
+400 \\
\hline
\boxed{}
\end{array}
\quad
\begin{array}{l}
\leftarrow\ 100\text{이 } \boxed{} \\
\leftarrow\ 100\text{이 } \boxed{} \\
\leftarrow\ 100\text{이 } 7
\end{array}
$$

2.
$$
\begin{array}{r}
400 \\
+200 \\
\hline
\boxed{}
\end{array}
\quad
\begin{array}{l}
\leftarrow\ 100\text{이 } \boxed{} \\
\leftarrow\ 100\text{이 } \boxed{} \\
\leftarrow\ 100\text{이 } 6
\end{array}
$$

3.
$$
\begin{array}{r}
500 \\
+300 \\
\hline
\boxed{}
\end{array}
\quad
\begin{array}{l}
\leftarrow\ 100\text{이 } \boxed{} \\
\leftarrow\ 100\text{이 } \boxed{} \\
\leftarrow\ 100\text{이 } 8
\end{array}
$$

4.
$$
\begin{array}{r}
600 \\
+300 \\
\hline
\boxed{}
\end{array}
\quad
\begin{array}{l}
\leftarrow\ 100\text{이 } \boxed{} \\
\leftarrow\ 100\text{이 } \boxed{} \\
\leftarrow\ 100\text{이 } 9
\end{array}
$$

F-196b

다음 계산을 하시오.(5~12)

5.
```
   3 0 0
 + 5 0 0
```

6.
```
   2 0 0
 + 3 0 0
```

7.
```
   4 0 0
 + 4 0 0
```

8.
```
   3 0 0
 + 3 0 0
```

9.
```
   5 0 0
 + 2 0 0
```

10.
```
   7 0 0
 + 1 0 0
```

11.
```
   6 0 0
 + 2 0 0
```

12.
```
   5 0 0
 + 4 0 0
```

사고력 학습

❀ 이름 :

❀ 날짜 :

❀ 시간 :　　시　　분 ~ 　　시　　분

◆ **받아올림이 없는 (몇백 몇십)+(몇백 몇십)**

• 260+320의 계산

$$
\begin{array}{r} 2\,6\,0 \\ +\,3\,2\,0 \\ \hline \end{array}
\rightarrow
\begin{array}{r} 2\,6\,0 \\ +\,3\,2\,0 \\ \hline 0 \end{array}
\rightarrow
\begin{array}{r} 2\,6\,0 \\ +\,3\,2\,0 \\ \hline 8\,0 \end{array}
\rightarrow
\begin{array}{r} 2\,6\,0 \\ +\,3\,2\,0 \\ \hline 5\,8\,0 \end{array}
$$

일의 자리에 0을 내려 쓴 다음 십의 자리, 백의 자리를 차례로 계산합니다.

😃 다음 ☐ 안에 알맞은 숫자를 써넣으시오.(1~3)

1.
$$
\begin{array}{r} 5\,3\,0 \\ +\,2\,3\,0 \\ \hline \end{array}
\rightarrow
\begin{array}{r} 5\,3\,0 \\ +\,2\,3\,0 \\ \hline \square \end{array}
\rightarrow
\begin{array}{r} 5\,3\,0 \\ +\,2\,3\,0 \\ \hline \square\,\square \end{array}
\rightarrow
\begin{array}{r} 5\,3\,0 \\ +\,2\,3\,0 \\ \hline \square\,\square\,\square \end{array}
$$

2.
$$
\begin{array}{r} 6\,5\,0 \\ +\,3\,2\,0 \\ \hline \end{array}
\rightarrow
\begin{array}{r} 6\,5\,0 \\ +\,3\,2\,0 \\ \hline \square \end{array}
\rightarrow
\begin{array}{r} 6\,5\,0 \\ +\,3\,2\,0 \\ \hline \square\,\square \end{array}
\rightarrow
\begin{array}{r} 6\,5\,0 \\ +\,3\,2\,0 \\ \hline \square\,\square\,\square \end{array}
$$

3.
$$
\begin{array}{r} 7\,4\,0 \\ +\,1\,5\,0 \\ \hline \end{array}
\rightarrow
\begin{array}{r} 7\,4\,0 \\ +\,1\,5\,0 \\ \hline \square \end{array}
\rightarrow
\begin{array}{r} 7\,4\,0 \\ +\,1\,5\,0 \\ \hline \square\,\square \end{array}
\rightarrow
\begin{array}{r} 7\,4\,0 \\ +\,1\,5\,0 \\ \hline \square\,\square\,\square \end{array}
$$

👻 다음 계산을 하시오.(4~11)

4.
```
   2 6 0
+    2 0
```

5.
```
     5 0
+  3 4 0
```

6.
```
   4 4 0
+  4 4 0
```

7.
```
   5 1 0
+  2 7 0
```

8.
```
   6 7 0
+  1 2 0
```

9.
```
   7 3 0
+  1 5 0
```

10.
```
   8 5 0
+  1 4 0
```

11.
```
   1 4 0
+  2 5 0
```

◆ 받아올림이 없는 (세 자리 수)+(세 자리 수)

• 207+352의 계산

$$
\begin{array}{r} 2\,0\,7 \\ +\,3\,5\,2 \\ \hline \end{array}
\longrightarrow
\begin{array}{r} 2\,0\,7 \\ +\,3\,5\,2 \\ \hline 9 \end{array}
\longrightarrow
\begin{array}{r} 2\,0\,7 \\ +\,3\,5\,2 \\ \hline 5\,9 \end{array}
\longrightarrow
\begin{array}{r} 2\,0\,7 \\ +\,3\,5\,2 \\ \hline 5\,5\,9 \end{array}
$$

자리를 맞추어 쓴 다음 일의 자리, 십의 자리, 백의 자리의 순
서로 계산합니다.

😀 다음 ☐ 안에 알맞은 숫자를 써넣으시오.(1~3)

1.
$$
\begin{array}{r} 5\,2\,7 \\ +\,3\,5\,1 \\ \hline \end{array}
\longrightarrow
\begin{array}{r} 5\,2\,7 \\ +\,3\,5\,1 \\ \hline \ \ \Box \end{array}
\longrightarrow
\begin{array}{r} 5\,2\,7 \\ +\,3\,5\,1 \\ \hline \Box\,\Box \end{array}
\longrightarrow
\begin{array}{r} 5\,2\,7 \\ +\,3\,5\,1 \\ \hline \Box\,\Box\,\Box \end{array}
$$

2.
$$
\begin{array}{r} 4\,3\,6 \\ +\,4\,3\,2 \\ \hline \end{array}
\longrightarrow
\begin{array}{r} 4\,3\,6 \\ +\,4\,3\,2 \\ \hline \ \ \Box \end{array}
\longrightarrow
\begin{array}{r} 4\,3\,6 \\ +\,4\,3\,2 \\ \hline \Box\,\Box \end{array}
\longrightarrow
\begin{array}{r} 4\,3\,6 \\ +\,4\,3\,2 \\ \hline \Box\,\Box\,\Box \end{array}
$$

3.
$$
\begin{array}{r} 6\,2\,4 \\ +\,3\,2\,4 \\ \hline \end{array}
\longrightarrow
\begin{array}{r} 6\,2\,4 \\ +\,3\,2\,4 \\ \hline \ \ \Box \end{array}
\longrightarrow
\begin{array}{r} 6\,2\,4 \\ +\,3\,2\,4 \\ \hline \Box\,\Box \end{array}
\longrightarrow
\begin{array}{r} 6\,2\,4 \\ +\,3\,2\,4 \\ \hline \Box\,\Box\,\Box \end{array}
$$

F-198b

다음 계산을 하시오.(4~11)

4.
```
  2 5 4
+   2 3
```

5.
```
    6 2
+ 2 3 7
```

6.
```
  4 3 3
+ 4 6 1
```

7.
```
  5 2 2
+ 2 5 4
```

8.
```
  6 8 3
+ 1 1 1
```

9.
```
  7 2 2
+ 1 6 0
```

10.
```
  8 0 2
+ 1 4 4
```

11.
```
  2 5 0
+ 3 1 3
```

✿ 이름 :

✿ 날짜 :

✿ 시간 :   시   분 ~   시   분

확인

◆ 세 자리 수의 가로셈

$$
\begin{array}{c}
2+1=3 \\
420+310=730 \\
4+3=7
\end{array}
$$

$420+310$
$= (400+300)+(20+10)+(0+0)$
$= 700+30+0$
$= 730$

🐸 다음 ☐ 안에 알맞은 수를 써넣으시오.(1~2)

1. $540+230 = (500+\boxed{})+(40+\boxed{})+(0+0)$

   $ = \boxed{}+70$

   $ = \boxed{}$

2. $624+135 = (600+\boxed{})+(20+\boxed{})+(4+\boxed{})$

   $ = \boxed{}+50+\boxed{}$

   $ = \boxed{}$

👻 다음 계산을 하시오.(3~12)

3. 600 + 20 =

4. 50 + 120 =

5. 300 + 500 =

6. 430 + 540 =

7. 542 + 34 =

8. 23 + 324 =

9. 368 + 411 =

10. 434 + 125 =

11. 625 + 173 =

12. 405 + 282 =

♣ 이름 :

♣ 날짜 :

♣ 시간 : 시 분~ 시 분

확인

1. 225와 373의 합은 몇 백쯤 되는지 알아보시오.

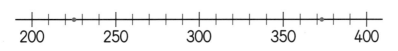

(1) 225는 200과 300 중에서 □ 에 가깝습니다.

(2) 373은 300과 400 중에서 □ 에 가깝습니다.

(3) 225와 373의 합은 □ 쯤 됩니다.

2. 그림을 보고 □ 안에 알맞은 수를 써넣으시오.

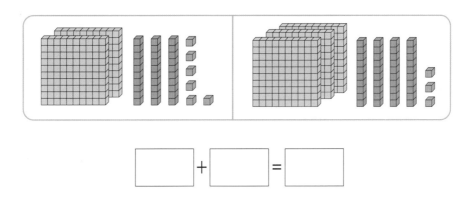

□ + □ = □

3. 합이 600보다 큰 것을 모두 찾아 기호를 쓰시오.

㉠ 300+290   ㉡ 310+330

㉢ 400+250   ㉣ 170+420

[답]

문제 해결력 학습

4. 미숙이의 걸음으로 집에서 서점까지는 300걸음이고, 서점에서 학교까지는 200걸음입니다. 미숙이가 집에서 서점을 거쳐 학교까지 가려면 몇 걸음 걸어야 합니까?

[식]   [답]

5. 농구 경기장에 남자는 432명, 여자는 551명 입장하였습니다. 농구 경기장에 입장한 사람은 모두 몇 명입니까?

[식]   [답]

6. 348보다 541 큰 수는 얼마입니까?

[식]   [답]

7. 상자 속에 흰색 바둑돌은 321개 들어 있고, 검은색 바둑돌은 흰색 바둑돌보다 125개 더 많이 들어 있습니다. 상자 속에 들어 있는 바둑돌은 모두 몇 개입니까?

                                             [답]

◆ 받아내림이 없는 (몇백)-(몇백)

• 500-200의 계산

$$
\begin{array}{r}
500 \\
-200 \\
\hline
300
\end{array}
\begin{array}{l}
\leftarrow 100 \text{이 } 5 \\
\leftarrow 100 \text{이 } 2 \\
\leftarrow 100 \text{이 } 3
\end{array}
\Rightarrow
$$

500은 100씩 5묶음이고 200은 100씩 2묶음입니다. 따라서 500과 200의 차는 100씩 3묶음이므로 300입니다.

🐸 다음 □ 안에 알맞은 수를 써넣으시오.(1~4)

1.

$$
\begin{array}{r}
300 \\
-200 \\
\hline
\boxed{}
\end{array}
\begin{array}{l}
\leftarrow 100 \text{이 } \boxed{} \\
\leftarrow 100 \text{이 } \boxed{} \\
\leftarrow 100 \text{이 } 1
\end{array}
$$

2.

$$
\begin{array}{r}
600 \\
-200 \\
\hline
\boxed{}
\end{array}
\begin{array}{l}
\leftarrow 100 \text{이 } \boxed{} \\
\leftarrow 100 \text{이 } \boxed{} \\
\leftarrow 100 \text{이 } 4
\end{array}
$$

3.

$$
\begin{array}{r}
700 \\
-300 \\
\hline
\boxed{}
\end{array}
\begin{array}{l}
\leftarrow 100 \text{이 } \boxed{} \\
\leftarrow 100 \text{이 } \boxed{} \\
\leftarrow 100 \text{이 } 4
\end{array}
$$

4.

$$
\begin{array}{r}
900 \\
-300 \\
\hline
\boxed{}
\end{array}
\begin{array}{l}
\leftarrow 100 \text{이 } \boxed{} \\
\leftarrow 100 \text{이 } \boxed{} \\
\leftarrow 100 \text{이 } 6
\end{array}
$$

F-201b

다음 계산을 하시오.(5~12)

5.
```
    4 0 0
  - 2 0 0
  _____
```

6.
```
    5 0 0
  - 2 0 0
  _____
```

7.
```
    7 0 0
  - 5 0 0
  _____
```

8.
```
    9 0 0
  - 6 0 0
  _____
```

9.
```
    8 0 0
  - 1 0 0
  _____
```

10.
```
    7 0 0
  - 1 0 0
  _____
```

11.
```
    9 0 0
  - 5 0 0
  _____
```

12.
```
    8 0 0
  - 4 0 0
  _____
```

사고력 학습

✿ 이름 :

✿ 날짜 :

✿ 시간 :　　시　　분 ~ 　　시　　분

확인

◆ 받아내림이 없는 (몇백 몇십)-(몇백 몇십)

• 690-240의 계산

$$
\begin{array}{r}
690 \\
-240 \\
\hline
\end{array}
\rightarrow
\begin{array}{r}
690 \\
-240 \\
\hline
0 \\
\end{array}
\rightarrow
\begin{array}{r}
690 \\
-240 \\
\hline
50 \\
\end{array}
\rightarrow
\begin{array}{r}
690 \\
-240 \\
\hline
450 \\
\end{array}
$$

일의 자리에 0을 내려 쓴 다음 십의 자리, 백의 자리를 차례로 계산합니다.

🐸 다음 ☐ 안에 알맞은 숫자를 써넣으시오.(1~3)

1.
$$
\begin{array}{r}
750 \\
-310 \\
\hline
\end{array}
\rightarrow
\begin{array}{r}
750 \\
-310 \\
\hline
\square \\
\end{array}
\rightarrow
\begin{array}{r}
750 \\
-310 \\
\hline
\square\square \\
\end{array}
\rightarrow
\begin{array}{r}
750 \\
-310 \\
\hline
\square\square\square \\
\end{array}
$$

2.
$$
\begin{array}{r}
590 \\
-430 \\
\hline
\end{array}
\rightarrow
\begin{array}{r}
590 \\
-430 \\
\hline
\square \\
\end{array}
\rightarrow
\begin{array}{r}
590 \\
-430 \\
\hline
\square\square \\
\end{array}
\rightarrow
\begin{array}{r}
590 \\
-430 \\
\hline
\square\square\square \\
\end{array}
$$

3.
$$
\begin{array}{r}
630 \\
-120 \\
\hline
\end{array}
\rightarrow
\begin{array}{r}
630 \\
-120 \\
\hline
\square \\
\end{array}
\rightarrow
\begin{array}{r}
630 \\
-120 \\
\hline
\square\square \\
\end{array}
\rightarrow
\begin{array}{r}
630 \\
-120 \\
\hline
\square\square\square \\
\end{array}
$$

F-202b

👻 다음 계산을 하시오.(4~11)

4.
```
  4 3 0
-   1 0
```

5.
```
  5 7 0
-   5 0
```

6.
```
  9 5 0
- 4 2 0
```

7.
```
  8 7 0
- 6 3 0
```

8.
```
  6 9 0
- 3 9 0
```

9.
```
  7 8 0
- 1 8 0
```

10.
```
  5 9 0
- 4 1 0
```

11.
```
  4 8 0
- 2 2 0
```

✿ 이름 :

✿ 날짜 :

✿ 시간 :　　시　　분 ~　　시　　분

◆ **받아내림이 없는 (세 자리 수)−(세 자리 수)**

• 475−342의 계산

```
  4 7 5        4 7 5        4 7 5        4 7 5
− 3 4 2   →  − 3 4 2   →  − 3 4 2   →  − 3 4 2
                   3          3 3        1 3 3
```

자리를 맞추어 쓴 다음 일의 자리, 십의 자리, 백의 자리의 순서로 계산합니다.

🐸 다음 ☐ 안에 알맞은 숫자를 써넣으시오.(1~3)

1.
```
  5 7 4        5 7 4        5 7 4        5 7 4
− 2 5 3   →  − 2 5 3   →  − 2 5 3   →  − 2 5 3
                 ☐          ☐ ☐        ☐ ☐ ☐
```

2.
```
  6 8 4        6 8 4        6 8 4        6 8 4
− 4 5 4   →  − 4 5 4   →  − 4 5 4   →  − 4 5 4
                 ☐          ☐ ☐        ☐ ☐ ☐
```

3.
```
  6 5 4        6 5 4        6 5 4        6 5 4
− 3 1 3   →  − 3 1 3   →  − 3 1 3   →  − 3 1 3
                 ☐          ☐ ☐        ☐ ☐ ☐
```

👻 다음 계산을 하시오.(4~11)

4.
```
    6 7 5
  -   3 4
```

5.
```
    5 8 9
  -   1 5
```

6.
```
    9 7 8
  - 7 5 3
```

7.
```
    8 9 5
  - 2 1 5
```

8.
```
    6 7 4
  - 3 7 1
```

9.
```
    8 4 3
  - 5 4 3
```

10.
```
    5 8 9
  - 2 1 6
```

11.
```
    6 7 5
  - 2 2 3
```

사고력 학습

◆ 세 자리 수의 가로셈

$5-2=3$

$450-320=130$

$4-3=1$

$450-320$
$= (400-300)+(50-20)+(0-0)$
$= 100+30+0$
$= 130$

🐸 다음 ☐ 안에 알맞은 수를 써넣으시오. (1~2)

1. $740-210=(700-\boxed{})+(40-\boxed{})+(0-0)$

$= \boxed{} +30$

$= \boxed{}$

2. $876-351=(800-\boxed{})+(70-\boxed{})+(6-\boxed{})$

$= \boxed{} +20+\boxed{}$

$= \boxed{}$

F-204b

다음 계산을 하시오.(3~12)

3. 600 − 200 =

4. 770 − 30 =

5. 890 − 270 =

6. 540 − 120 =

7. 647 − 36 =

8. 785 − 14 =

9. 658 − 253 =

10. 379 − 109 =

11. 907 − 207 =

12. 705 − 302 =

사고력 학습

* 이름 :
* 날짜 :
* 시간 : 시 분~ 시 분

확인

1. 686과 513의 차는 몇 백쯤 되는지 알아보시오.

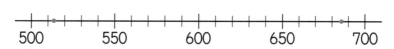

(1) 513은 500과 600 중에서 □ 에 가깝습니다.

(2) 686은 600과 700 중에서 □ 에 가깝습니다.

(3) 686과 513의 차는 □ 쯤 됩니다.

2. 그림을 보고 □ 안에 알맞은 수를 써넣으시오.

□ - □ = □

3. 빈칸에 알맞은 수를 써넣으시오.

(1)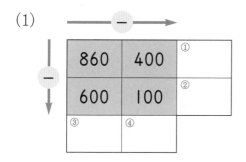

(2)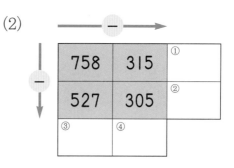

4. 한솔이는 250쪽 되는 동화책을 어제까지 140쪽 읽었습니다. 다 읽으려면 앞으로 몇 쪽을 더 읽어야 합니까?

[식]   [답]

5. 타일이 495장 있습니다. 그중에서 145장을 벽에 붙였습니다. 남은 타일은 몇 장입니까?

[식]   [답]

6. 십의 자리 숫자가 7인 세 자리 수 중에서 가장 큰 수와 가장 작은 수의 차는 얼마입니까?

[식]   [답]

7. 색종이를 형은 254장 가지고 있고, 동생은 형보다 132장 더 적게 가지고 있습니다. 형과 동생이 가지고 있는 색종이는 모두 몇 장입니까?

[답]

F-206a

✿ 이름 :

✿ 날짜 :

✿ 시간 :　시　분 ~　시　분

확인

🐸 다음 ☐ 안에 알맞은 수를 써넣으시오.(1~4)

1.　520+340

$$\begin{array}{r} 520 \\ +\ 340 \\ \hline \end{array}$$

2.　370+410

$$\begin{array}{r} 370 \\ +\ 410 \\ \hline \end{array}$$

3.　650+130

$$\begin{array}{r} 650 \\ +\ 130 \\ \hline \end{array}$$

4.　460+430

$$\begin{array}{r} 460 \\ +\ 430 \\ \hline \end{array}$$

F-206b

다음 ☐ 안에 알맞은 수를 써넣으시오.(5~8)

5. 510+280
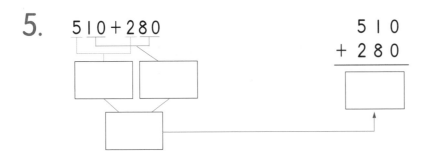

```
   5 1 0
+  2 8 0
```

6. 630+350
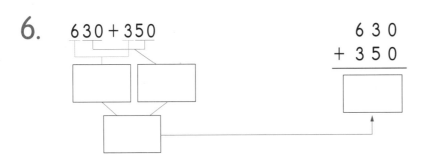

```
   6 3 0
+  3 5 0
```

7. 440+230
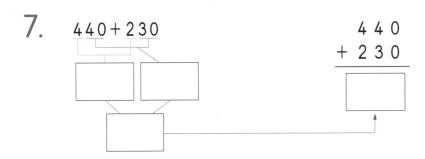

```
   4 4 0
+  2 3 0
```

8. 370+210
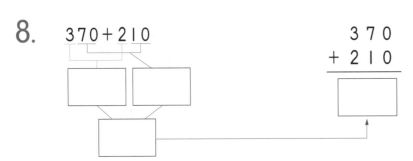

```
   3 7 0
+  2 1 0
```

🌸 이름 :

🌸 날짜 :

🌸 시간 :   시   분 ~   시   분

확인

🐸 다음 ☐ 안에 알맞은 수를 써넣으시오.(1~4)

1.

580 - 130

```
    5 8 0
-   1 3 0
```

2.

670 - 250

```
    6 7 0
-   2 5 0
```

3.

870 - 610

```
    8 7 0
-   6 1 0
```

4.
980 - 560

```
    9 8 0
-   5 6 0
```

👻 다음 ☐ 안에 알맞은 수를 써넣으시오.(5~8)

5.
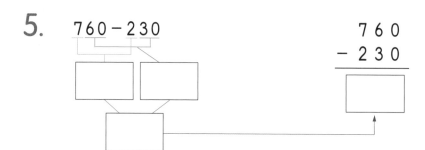

6.
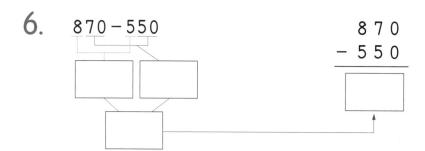

7.
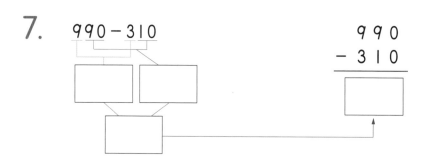

8.
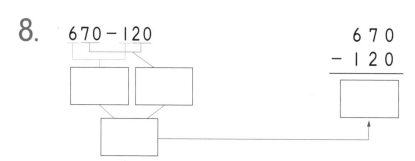

F-208a

1. 계산을 하시오.

(1) 523+146=

(2) 345+223=

(3) 795-243=

(4) 956-314=

2. 합이 몇 백쯤 되는지 알아보시오.

462+315

[답]

3. 차가 몇 백쯤 되는지 알아보시오.

886-123

[답]

4. 231과 465의 합과 차를 각각 구하시오.

합 (   ), 차 (   )

5. □ 안에 알맞은 수를 써넣으시오.

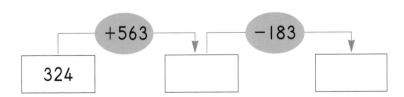

6. ○ 안에 >, <를 알맞게 써넣으시오.

$$342+427 \quad \bigcirc \quad 889-124$$

7. 어떤 수가 547에 더 가까운지 알아보시오.

410, 678

[답]

8. 축구장에 남학생 352명과 여학생 417명이 구경을 왔습니다. 구경 온 학생은 모두 몇 명입니까?

[식]   [답]

9. 사과가 976개 있습니다. 그중에서 500개를 상자에 담았습니다. 남은 사과는 몇 개입니까?

[식]   [답]

10. ▲는 513입니다. ●─■는 얼마입니까?

$$200+■=▲, \quad ●-312=▲$$

[답]

✿ 이름 :

✿ 날짜 :

✿ 시간 : 시 분 ~ 시 분

확인

🌑 창의력 학습

친구들이 이야기한 수를 한 번씩만 사용하여 가장 큰 세 자리 수와 가장 작은
세 자리 수를 만들고 합과 차를 각각 구하시오.

7

6

0

1

4

(1) 가장 큰 수

(2) 가장 작은 수

(3) 합

(4) 차

창의력 학습

규칙에 맞게 빈 곳에 알맞은 수를 써넣으시오.

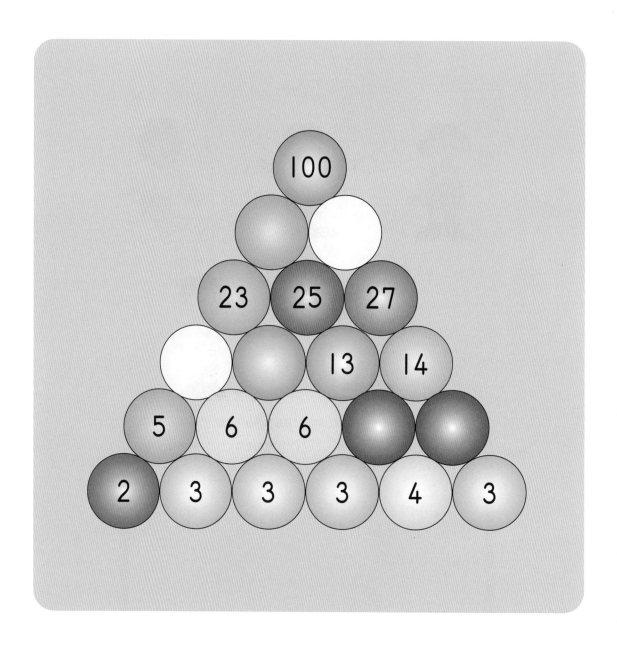

100

23 25 27

13 14

5 6 6

2 3 3 3 4 3

✿ 이름 :

✿ 날짜 :

✿ 시간 :   시   분~   시   분

확인

✚ 경시 대회 예상 문제

1. □ 안에 알맞은 수를 써넣으시오.

(1) $345 + \boxed{} = 769$

(2) $\boxed{} + 246 = 997$

(3) $756 - \boxed{} = 231$

(4) $\boxed{} - 245 = 312$

2. ㉮, ㉯, ㉰, ㉱에 알맞은 숫자를 각각 구하시오.

(1)
```
      3 0 ㉯
  +   2 ㉯ 4
  ─────────
    ㉮ ㉯ ㉮
```

(2)
```
    ㉰ 6 ㉰
  -  4 ㉱ 1
  ─────────
    5 0 8
```

[답]

[답]

3. 100이 5, 10이 24, 1이 16인 수보다 234 작은 수는 얼마입니까?

[답]

4. 어떤 수에서 123을 빼야 할 것을 잘못하여 더했더니 987이 되었습니다. 바르게 계산하면 얼마입니까?

[답]

5. ◆의 값을 구하시오.

$$874 - \triangle = 433, \qquad \triangle + 246 = \blacklozenge$$

[답]

6. □ 안에 알맞은 수를 써넣으시오.

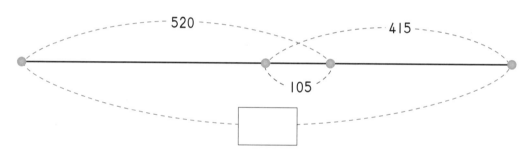

7. □ 안에 공통으로 들어갈 수 있는 수는 모두 몇 개입니까?

$$310 + \square > 880, \quad \square - 220 < 360$$

[답]

8. 숫자 카드 1, 3, 5 를 한 번씩만 사용하여 세 자리 수를 만들 때, 가장 큰 수와 둘째 번으로 작은 수의 합을 구하시오.

[식]   [답]

F211a ~ F225b

 학습 관리표

학습 내용		이번 주는?
길이 재기	· 미터(m)와 센티미터(cm) · 길이 재기 · 길이 어림하기 · 길이의 합 · 길이의 차 · 창의력 학습 · 경시 대회 예상 문제	• 학습 방법 : ① 매일매일 ② 가끔 ③ 한꺼번에 　　　　　 하였습니다. • 학습 태도 : ① 스스로 잘 ② 시켜서 억지로 　　　　　 하였습니다. • 학습 흥미 : ① 재미있게 ② 싫증내며 　　　　　 하였습니다. • 교재 내용 : ① 적합하다고 ② 어렵다고 ③ 쉽다고 　　　　　 하였습니다.
지도 교사가 부모님께		부모님이 지도 교사께
평가	ⓐ 아주 잘함　　　ⓑ 잘함　　　ⓒ 보통　　　ⓓ 부족함	

원(교)　　　　반　　이름　　　　　　전화

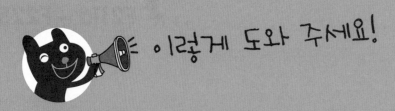
이렇게 도와 주세요!

● 학습 목표
- 1 m의 단위를 알고, 길이를 재어 '몇 m 몇 cm'로 나타낼 수 있다.
- 1 m 단위로 어림해 보고, 길이를 '약 몇 m' 또는 '약 몇 m 몇 cm'로 어림하여 나타낼 수 있다.
- 길이의 덧셈과 뺄셈을 할 수 있다.

● 지도 내용
- 1 m의 길이를 이해하고, 100 cm가 1 m임을 알게 한다.
- 길이를 m와 cm로 나타낼 수 있게 한다.
- 길이를 재어서 '조금 더 된다', '조금 못 된다'로 나타낼 수 있도록 한다.
- '약'을 사용하여 길이를 나타낼 수 있게 한다.
- 여러 가지 물건의 길이를 어림하여 나타낼 수 있게 한다.
- 몇 m 몇 cm로 나타낸 두 길이의 합과 차를 구하는 원리를 알고 구하게 한다.

● 지도 요점
100 cm에서 1 m를 도입하여 1 m를 이해하고, 사물의 길이를 줄자로 재어 몇 cm와 몇 m 몇 cm로 말할 수 있도록 합니다. 또한, 여러 가지 물건의 길이를 어림해 보고 확인하여 양감을 기를 수 있게 합니다.
구체적인 상황에서 m, cm로 나타낸 길이의 합과 차를 이해하고, 이를 구할 수 있게 하며, 기계적인 계산에 치중하지 않도록 합니다. 그리고 계산한 값이 cm이면 m로 고쳐서 답할 수도 있다는 것을 알게 합니다.
자로 길이를 재어 눈금과 일치하지 않는 길이의 측정값을 '조금 더 된다', '조금 못 된다'로 판단하여 '약 몇 cm'로 나타낼 수 있도록 합니다.
길이 감각을 익히는 것은 수 감각을 익히는 활동입니다. 평소에 집 안이나 생활 주변에 있는 물건들의 길이는 얼마나 되는지 눈짐작으로 측정해 보는 습관을 가지게 하는 것이 좋습니다.

F-211a

✿ 이름 :

✿ 날짜 :

✿ 시간 : 시   분 ~   시   분

확인

◆ **1 m 알아보기**

100 cm를 1미터라고 합니다.

1미터는 1 m라고 씁니다.

$$100\,cm = 1\,m$$

◆ **m와 cm의 관계**

120 cm는 1미터보다 20 cm 더 깁니다.

120 cm를 1 m 20 cm라고 씁니다.

1 m 20 cm를 1미터 20센티미터라고 읽습니다.

$$120\,cm = 1\,m\ 20\,cm$$

😊 다음 ☐ 안에 알맞은 수를 써넣으시오.(1~4)

1. 1 cm가 10개이면 ☐ cm, 1 cm가 100개이면 ☐ cm입니다.

2. 100 cm = ☐ m입니다.

3. 150 cm는 100 cm보다 ☐ cm 더 깁니다.

4. 150 cm는 ☐ m보다 50 cm 더 깁니다.

따라서 150 cm = ☐ m 50 cm입니다.

사고력 학습

5. 1 m와 2 m를 바르게 써 보시오.

1 m

2 m

👻 다음 ☐ 안에 알맞은 수를 써넣으시오.(6~17)

6. 1 m = ☐ cm

7. 2 m = ☐ cm

8. 5 m = ☐ cm

9. 4 m = ☐ cm

10. 7 m = ☐ cm

11. 8 m = ☐ cm

12. 300 cm = ☐ m

13. 600 cm = ☐ m

14. 900 cm = ☐ m

15. 200 cm = ☐ m

16. 500 cm = ☐ m

17. 700 cm = ☐ m

✿ 이름 :

✿ 날짜 :

✿ 시간 : 　시　분～　시　분

확인

🐸 다음 ☐ 안에 알맞은 수를 써넣으시오.(1~5)

1. 120 cm는 1 m보다 ☐ cm 더 깁니다.

따라서 120 cm는 ☐ m ☐ cm입니다.

2. 240 cm는 2 m보다 ☐ cm 더 깁니다.

따라서 240 cm는 ☐ m ☐ cm입니다.

3. 125 cm는 1 m보다 ☐ cm 더 깁니다.

따라서 125 cm는 ☐ m ☐ cm입니다.

4. 248 cm는 2 m보다 ☐ cm 더 깁니다.

따라서 248 cm는 ☐ m ☐ cm입니다.

5. 305 cm는 3 m보다 ☐ cm 더 깁니다.

따라서 305 cm는 ☐ m ☐ cm입니다.

👻 다음 ☐ 안에 알맞은 수를 써넣으시오.(6~9)

6. 255 cm = ☐ cm + 55 cm

    = ☐ m + 55 cm

    = ☐ m 55 cm

7. 473 cm = ☐ cm + 73 cm

    = ☐ m + 73 cm

    = ☐ m 73 cm

8. 3 m 25 cm = ☐ m + 25 cm

    = ☐ cm + 25 cm

    = ☐ cm

9. 5 m 62 cm = ☐ m + 62 cm

    = ☐ cm + 62 cm

    = ☐ cm

✿ 이름 :

✿ 날짜 :

✿ 시간 :　　시　　분 ~ 　시　　분

확인

🐸 다음 ☐ 안에 알맞은 수를 써넣으시오.(1~12)

1.　350 cm = ☐ m ☐ cm

2.　452 cm = ☐ m ☐ cm

3.　605 cm = ☐ m ☐ cm

4.　210 cm = ☐ m ☐ cm

5.　377 cm = ☐ m ☐ cm

6.　505 cm = ☐ m ☐ cm

7.　2 m 50 cm = ☐ cm

8.　5 m 35 cm = ☐ cm

9.　3 m 40 cm = ☐ cm

10.　7 m 25 cm = ☐ cm

11.　7 m 45 cm = ☐ cm

12.　l m 3 cm = ☐ cm

다음 ◯ 안에 >, =, <를 알맞게 써넣으시오.(13~19)

13. 4 m 50 cm ◯ 4 m 5 cm

14. 5 m 45 cm ◯ 4 m 45 cm

15. 800 cm ◯ 9 m

16. 7 m 50 cm ◯ 750 cm

17. 607 cm ◯ 6 m 70 cm

18. 7 m 8 cm ◯ 780 cm

19. 583 cm ◯ 5 m 38 cm

❀ 이름 :

❀ 날짜 :

❀ 시간 : 시 분 ~ 시 분

확인

◆ 길이 재기 ①

색 테이프의 길이는 4 cm와 5 cm 사이에 있습니다.
색 테이프의 길이는 4 cm 눈금에 가깝습니다.
이 색 테이프의 길이는 4 cm 조금 더 된다라고 합니다.
또 약 4 cm라고도 합니다.

🐸 다음 그림을 보고 ☐ 안에 알맞은 수나 말을 써넣으시오.(1~4)

1. 색 테이프의 길이는 5 cm와 ☐ cm 사이에 있습니다.

2. 색 테이프의 길이는 ☐ cm 눈금에 가깝습니다.

3. 색 테이프의 길이는 5 cm 조금 ☐ 됩니다.

4. 색 테이프의 길이는 ☐ 5 cm입니다.

사고력 학습

 다음 그림을 보고 ☐ 안에 알맞은 수나 말을 써넣으시오.(5~7)

5.

(1) 연필의 길이는 ☐ cm 조금 더 됩니다.

(2) 연필의 길이는 약 ☐ cm입니다.

6.

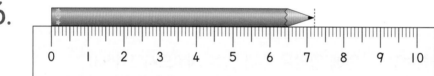

(1) 연필의 길이는 ☐ cm 조금 더 됩니다.

(2) 연필의 길이는 ☐ 7 cm입니다.

7.

(1) 연필의 길이는 ☐ cm 조금 더 됩니다.

(2) 연필의 길이는 ☐ 9 cm입니다.

사고력 학습

✿ 이름 :

✿ 날짜 :

✿ 시간 :   시   분 ~   시   분

확인

◆ 길이 재기 ②

색 테이프의 길이는 4 cm와 5 cm 사이에 있습니다.

색 테이프의 길이는 5 cm 눈금에 가깝습니다.

이 색 테이프의 길이는 5 cm 조금 못 된다라고 합니다.

또 약 5 cm라고도 합니다.

🐸 다음 그림을 보고 □ 안에 알맞은 수나 말을 써넣으시오.(1~4)

1. 색 테이프의 길이는 5 cm와 ☐ cm 사이에 있습니다.

2. 색 테이프의 길이는 ☐ cm 눈금에 가깝습니다.

3. 색 테이프의 길이는 6 cm 조금 ☐ 됩니다.

4. 색 테이프의 길이는 ☐ 6 cm입니다.

👻 다음 그림을 보고 ☐ 안에 알맞은 수나 말을 써넣으시오.(5~7)

5.

(1) 연필의 길이는 ☐ cm 조금 못 됩니다.

(2) 연필의 길이는 약 ☐ cm입니다.

6.

(1) 연필의 길이는 ☐ cm 조금 못 됩니다.

(2) 연필의 길이는 ☐ 6 cm입니다.

7.

(1) 연필의 길이는 ☐ cm 조금 못 됩니다.

(2) 연필의 길이는 ☐ 8 cm입니다.

✿ 이름 :

✿ 날짜 :

✿ 시간 :　　시　　분～　　시　　분

확인

🐸 다음 색 테이프의 길이를 알아보시오.(1~8)

1.

　　cm 조금 　　 됩니다.

2.
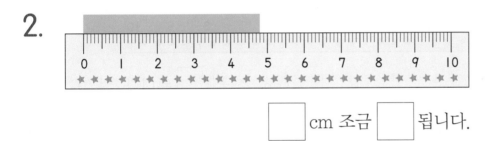

　　cm 조금 　　 됩니다.

3.
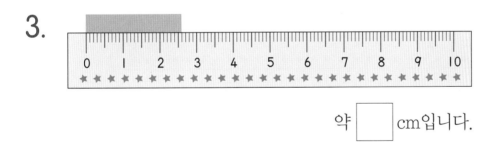

약 　　 cm입니다.

4.

약 　　 cm입니다.

사고력 학습

5.

☐ cm 조금 ☐ 됩니다.

6.

☐ cm 조금 ☐ 됩니다.

7.

약 ☐ cm입니다.

8.

약 ☐ cm입니다.

F-217a

❀ 이름 :

❀ 날짜 :

❀ 시간 :   시   분 ~   시   분

확인

🐸 다음 색 테이프의 길이를 알아보시오.(1~4)

1.

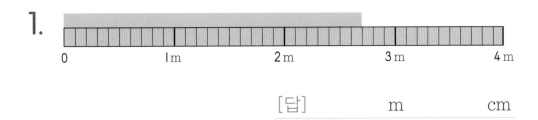

[답]   m   cm

2.

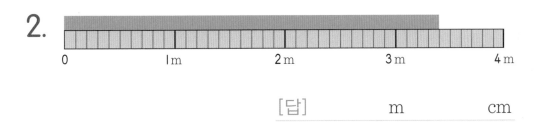

[답]   m   cm

3.

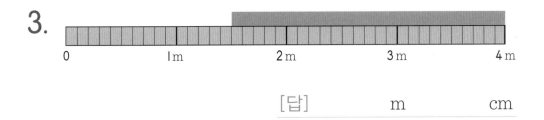

[답]   m   cm

4.

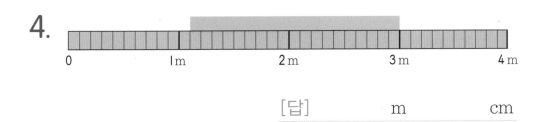

[답]   m   cm

사고력 학습

👻 다음 색 테이프의 길이는 약 몇 m인지 알아보시오.(5~8)

5.
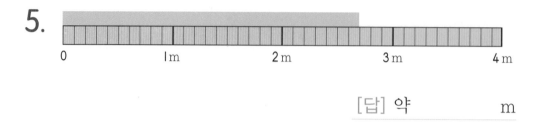

[답] 약   m

6.
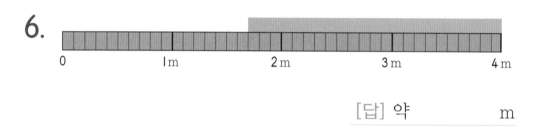

[답] 약   m

7.
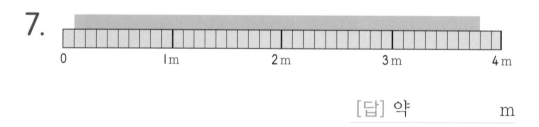

[답] 약   m

8.
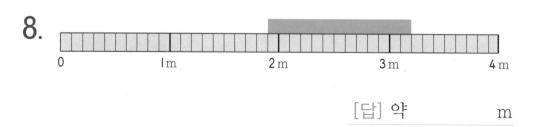

[답] 약   m

F-218a

♣ 이름 :

♣ 날짜 :

♣ 시간 :   시   분 ~   시   분

확인

◆ **길이의 합**(2 m 30 cm + 3 m 10 cm의 계산)

$$
\begin{array}{r} 2\,\mathrm{m}\ 30\,\mathrm{cm} \\ +\ 3\,\mathrm{m}\ 10\,\mathrm{cm} \\ \hline \end{array}
\longrightarrow
\begin{array}{r} 2\,\mathrm{m}\ 30\,\mathrm{cm} \\ +\ 3\,\mathrm{m}\ 10\,\mathrm{cm} \\ \hline 40\,\mathrm{cm} \end{array}
\longrightarrow
\begin{array}{r} 2\,\mathrm{m}\ 30\,\mathrm{cm} \\ +\ 3\,\mathrm{m}\ 10\,\mathrm{cm} \\ \hline 5\,\mathrm{m}\ 40\,\mathrm{cm} \end{array}
$$

① m는 m끼리, cm는 cm끼리 자리를 맞추어 씁니다.

② cm를 먼저 계산합니다. ➡ 30 cm + 10 cm = 40 cm

③ m를 계산합니다. ➡ 2 m + 3 m = 5 m

🐸 다음 그림을 보고 □ 안에 알맞은 수를 써넣으시오.(1~3)

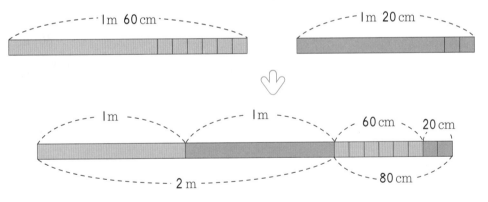

1. cm끼리 더하면 60 cm + 20 cm = □ cm입니다.

2. m끼리 더하면 1 m + 1 m = □ m입니다.

3. 1 m 60 cm + 1 m 20 cm = □ m □ cm

사고력 학습

◆ **길이의 차**(3 m 30 cm − 1 m 10 cm의 계산)

$$
\begin{array}{r}
3\,\text{m}\ 30\,\text{cm} \\
-\ 1\,\text{m}\ 10\,\text{cm} \\
\hline
\end{array}
\longrightarrow
\begin{array}{r}
3\,\text{m}\ \vdots\ 30\,\text{cm} \\
-\ 1\,\text{m}\ \vdots\ 10\,\text{cm} \\
\hline
\vdots\ 20\,\text{cm} \\
\end{array}
\longrightarrow
\begin{array}{r}
\vdots\ 3\,\text{m}\ \vdots\ 30\,\text{cm} \\
-\ 1\,\text{m}\ \vdots\ 10\,\text{cm} \\
\hline
2\,\text{m}\ \vdots\ 20\,\text{cm} \\
\end{array}
$$

① m는 m끼리, cm는 cm끼리 자리를 맞추어 씁니다.
② cm를 먼저 계산합니다. ➡ 30 cm − 10 cm = 20 cm
③ m를 계산합니다. ➡ 3 m − 1 m = 2 m

👻 다음 그림을 보고 ☐ 안에 알맞은 수를 써넣으시오.(4~6)

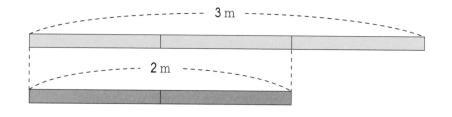
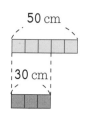

4. cm끼리 빼면 50 cm − 30 cm = ☐ cm입니다.

5. m끼리 빼면 3 m − 2 m = ☐ m입니다.

6. 3 m 50 cm − 2 m 30 cm = ☐ m ☐ cm

🚗 사고력 학습

F-219a

❀ 이름 :

❀ 날짜 :

❀ 시간 :　시　분 ~ 　시　분

확인

🐸 다음 ☐ 안에 알맞은 수를 써넣으시오.(1~3)

1.　2 m 50 cm + 1 m 10 cm = (2 + ☐) m + (50 + ☐) cm

　　　　　　　　　　　　　= ☐ m + 60 cm

　　　　　　　　　　　　　= ☐ m ☐ cm

2.　8 m 80 cm − 2 m 30 cm = (8 − ☐) m + (80 − ☐) cm

　　　　　　　　　　　　　= ☐ m + 50 cm

　　　　　　　　　　　　　= ☐ m ☐ cm

3.　4 m 30 cm + 340 cm = 4 m 30 cm + 3 m ☐ cm

　　　　　　　　　　　　= (☐ + 3) m + (30 + ☐) cm

　　　　　　　　　　　　= ☐ m + ☐ cm

　　　　　　　　　　　　= ☐ m ☐ cm

👻 다음 계산을 하시오.(4~11)

4. 5 m 42 cm + 2 m 30 cm

= ⬚ m ⬚ cm

5. 7 m 80 cm − 3 m 40 cm

= ⬚ m ⬚ cm

6. 7 m 2 cm + 2 m 46 cm

= ⬚ m ⬚ cm

7. 8 m 55 cm − 2 m 5 cm

= ⬚ m ⬚ cm

8. 4 m 34 cm + 152 cm

= ⬚ m ⬚ cm

9. 2 m 65 cm − 130 cm

= ⬚ m ⬚ cm

10. 606 cm + 5 m 5 cm

= ⬚ m ⬚ cm

11. 780 cm − 6 m 25 cm

= ⬚ m ⬚ cm

✿ 이름 :

✿ 날짜 :

✿ 시간 :　시　분 ~ 　시　분

확인

😃 다음 계산을 하시오.(1~16)

1.
```
   5 m  60 cm
 + 3 m  10 cm
 ────────────
   m     cm
```

2.
```
   5 m  60 cm
 − 3 m  10 cm
 ────────────
   m     cm
```

3.
```
   6 m  18 cm
 + 2 m  26 cm
 ────────────
   m     cm
```

4.
```
   7 m  87 cm
 − 2 m  53 cm
 ────────────
   m     cm
```

5.
```
   7 m  64 cm
 + 5 m   8 cm
 ────────────
   m     cm
```

6.
```
  10 m  65 cm
 − 3 m  38 cm
 ────────────
   m     cm
```

7.
```
   8 m  49 cm
 + 4 m  16 cm
 ────────────
   m     cm
```

8.
```
  24 m  62 cm
 −13 m  28 cm
 ────────────
   m     cm
```

9.
```
    2 m   8 cm
 +  3 m   7 cm
 ─────────────
      m     cm
```

10.
```
    7 m  15 cm
 −  2 m   9 cm
 ─────────────
      m     cm
```

11.
```
    7 m  30 cm
 +  1 m   6 cm
 ─────────────
      m     cm
```

12.
```
    9 m  80 cm
 −  5 m  24 cm
 ─────────────
      m     cm
```

13.
```
    8 m   4 cm
 +  5 m  39 cm
 ─────────────
      m     cm
```

14.
```
   13 m  41 cm
 −  9 m  26 cm
 ─────────────
      m     cm
```

15.
```
   47 m  25 cm
 + 15 m  28 cm
 ─────────────
      m     cm
```

16.
```
   36 m  80 cm
 − 18 m  34 cm
 ─────────────
      m     cm
```

사고력 학습

♣ 이름 :

♣ 날짜 :

♣ 시간 :　　시　　분 ~ 　시　　분

확인

1. 길이가 2 m 30 cm인 파란색 테이프와 1 m 60 cm인 빨간색 테이프가 있습니다. 물음에 답하시오.

(1) 2 m 30 cm는 몇 m에 가깝습니까?　　[답]

(2) 1 m 60 cm는 몇 m에 가깝습니까?　　[답]

(3) 두 테이프의 길이의 합은 몇 m쯤 되겠습니까?

[답]

(4) 두 테이프의 길이의 합은 몇 m 몇 cm입니까?

[답]

2. 동생의 키는 1 m 24 cm이고, 형의 키는 동생보다 15 cm 더 큽니다. 형의 키는 몇 m 몇 cm입니까?

[답]

3. 다솔이네 집에서 문구점까지의 거리는 50 m 47 cm이고, 문구점에서 학교까지의 거리는 60 m 36 cm입니다. 다솔이네 집에서 문구점을 거쳐 학교까지 가는 거리는 몇 m 몇 cm입니까?

[답]

문제 해결력 학습

4. 길이가 3 m 80 cm인 파란색 테이프와 1 m 70 cm인 빨간색 테이프가 있습니다. 물음에 답하시오.

    (1) 3 m 80 cm는 몇 m에 가깝습니까?   [답]

    (2) 1 m 70 cm는 몇 m에 가깝습니까?   [답]

    (3) 두 테이프의 길이의 차는 몇 m쯤 되겠습니까?

        [답]

    (4) 두 테이프의 길이의 차는 몇 m 몇 cm입니까?

        [답]

5. 정민이가 가지고 있는 끈의 길이는 4 m 58 cm보다 45 cm 더 짧습니다. 정민이가 가지고 있는 끈의 길이는 몇 m 몇 cm입니까?

        [답]

6. 길이가 2 m 18 cm인 고무줄이 있습니다. 이 고무줄을 양쪽에서 잡아 당겼더니 3 m 50 cm가 되었습니다. 고무줄은 몇 m 몇 cm 늘어났습니까?

        [답]

F-222a

✿ 이름 :

✿ 날짜 :

✿ 시간 : 시 분 ~ 시 분

확인

1. 준우의 키는 130 cm입니다. 준우의 키는 몇 m 몇 cm입니까?

[답]

2. 성호네 식탁의 가로 길이는 1 m 80 cm입니다. 이 식탁의 가로 길이는 몇 cm입니까?

[답]

3. ◯ 안에 >, =, <를 알맞게 써넣으시오.

(1) 6 m 5 cm ◯ 650 cm

(2) 495 cm ◯ 4 m 59 cm

4. 색 테이프의 길이를 자로 재어 보고, ☐ 안에 알맞게 써넣으시오.

• ☐ cm 조금 ☐ 됩니다.

• 약 ☐ cm입니다.

5. 길이가 5 cm 조금 못 되는 선분을 그려 보시오.

6. 교실에서 다음 길이에 해당하는 것을 두 가지만 쓰시오.

(1) | 1 m보다 짧은 것 | [답]

(2) | 1 m보다 긴 것 | [답]

7. 칠판의 가로 길이는 3 m 75 cm이고 세로 길이는 1 m 15 cm입니다. 칠판의 가로와 세로 길이의 합은 몇 m 몇 cm입니까?

[답]

8. 경희의 키는 1 m 15 cm이고, 정호의 키는 1 m 23 cm입니다. 누구의 키가 몇 cm 더 큽니까?

[답]

9. 선분 ㄱㄴ의 길이는 몇 m 몇 cm입니까?

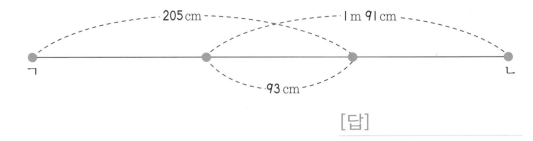

[답]

🌸 이름 :

🌸 날짜 :

🌸 시간 :　　시　　분 ~ 　　시　　분

🌐 창의력 학습

연필을 떼지 않고 모든 길을 한 번씩만 지나도록 그려 보시오. 시작하는 점은
•, 움직이는 방향은 →로 표시해 보시오.(단, 시작하는 점과 끝나는 점은 같
습니다.)

4개의 줄이 있습니다. 2개의 줄은 잡아 당기면 매듭이 만들어지고 나머지 2개는 그렇지 않습니다. 매듭이 만들어지지 <u>않는</u> 것은 어느 것입니까? 잘 모르겠으면 굵은 털실이나 노끈으로 그림처럼 놓고 따라해 보시오.

① ② ③ ④

F-224a

✿ 이름 :

✿ 날짜 :

✿ 시간 : 시 분 ~ 시 분

확인

➕ 경시 대회 예상 문제

1. 보람이가 양팔을 벌렸을 때의 길이는 142 cm입니다. 이것은 몇 m 몇 cm인지 쓰고 그 길이를 읽어 보시오.

쓰기 (   ), 읽기 (   )

2. 색 테이프의 길이는 몇 m 몇 cm입니까?

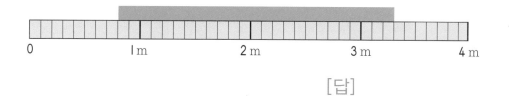

[답]

3. 길이가 긴 것부터 차례로 기호를 쓰시오.

ㄱ 7 m 9 cm   ㄴ 790 cm   ㄷ 799 cm   ㄹ 7 m 19 cm

[답]

4. 연필의 길이는 약 몇 cm입니까?

[답]

5. 색 테이프의 길이를 자로 재어 보고, 그 길이를 두 가지 방법으로 나타내시오.

    (1)

       [답] _____

    (2)

       [답] _____

6. 선분을 그려 보시오.

    (1) 약 3 cm인 선분

    (2) 약 10 cm인 선분

7. 나무의 높이는 4 m입니다. 철탑의 높이는 약 몇 m입니까?

       [답] _____

8. □ 안에 알맞은 수를 써넣으시오.

(1)
```
      7  m  □ cm
  +   □  m  37 cm
  ─────────────────
      9  m  62 cm
```

(2)
```
      □  m  87 cm
  −   3  m  □ cm
  ─────────────────
      3  m  48 cm
```

9. 오른쪽 그림에서 굵은 선의 길이는 몇 m 몇 cm입니까?

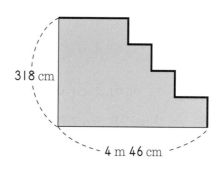

318 cm

4 m 46 cm

[답]

10. ㉮의 길이는 몇 m 몇 cm입니까?

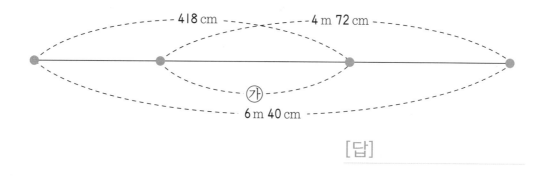

418 cm   4 m 72 cm

㉮

6 m 40 cm

[답]

11. 길이가 1 m 50 cm인 끈에서 얼마를 사용하고 남은 것을 8 cm씩 잘랐더니 6도막이 되었습니다. 사용한 끈의 길이는 몇 m 몇 cm입니까?

[답]

12. 길이가 120 cm인 종이테이프 3개를 다음과 같이 이어 붙이려고 합니다. 종이테이프를 이을 때 겹쳐지는 부분을 4 cm로 한다면, 종이테이프의 전체 길이는 몇 m 몇 cm입니까?

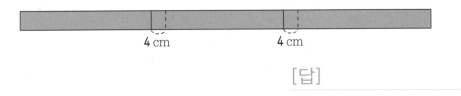

4 cm   4 cm

[답]

13. 두 개의 끈이 있습니다. 긴 끈은 5 m 32 cm이고 짧은 끈은 긴 끈보다 2 m 28 cm 더 짧습니다. 두 끈의 길이의 합은 몇 m 몇 cm입니까?

[답]

14. 길이가 8 m 70 cm인 끈을 2 m 28 cm씩 두 번 잘라서 상자를 묶는데 사용하였습니다. 남은 끈의 길이는 몇 m 몇 cm입니까?

[답]

15. 종이테이프 ㉮, ㉯, ㉰가 있습니다. ㉮는 ㉯보다 15 cm 더 짧고, ㉯는 ㉰보다 17 cm 더 깁니다. ㉰의 길이가 2 m 26 cm일 때, ㉮의 길이는 몇 m 몇 cm입니까?

[답]

사고력도 탄탄! 창의력도 탄탄!
기탄고력수학

F4

🐤 F226a ~ F240b

학습 관리표

학습 내용		이번 주는?

확인 학습	· 곱셈구구
	· 덧셈과 뺄셈 (1)
	· 길이 재기
	· 창의력 학습
	· 경시 대회 예상 문제
	· 성취도 테스트
		• 학습 방법 : ① 매일매일 ② 가끔 ③ 한꺼번에
		  하였습니다.
		• 학습 태도 : ① 스스로 잘 ② 시켜서 억지로
		  하였습니다.
		• 학습 흥미 : ① 재미있게 ② 싫증내며
		  하였습니다.
		• 교재 내용 : ① 적합하다고 ② 어렵다고 ③ 쉽다고
		  하였습니다.

지도 교사가 부모님께	부모님이 지도 교사께

평가	Ⓐ 아주 잘함	Ⓑ 잘함	Ⓒ 보통	Ⓓ 부족함

원(교)   반   이름   전화

기초부터 탄탄하게
G 기탄교육
www.gitan.co.kr / (02)586-1007(대)

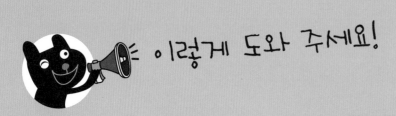

이렇게 도와 주세요!

● 학습 목표
– 곱셈구구의 구성 원리를 이해하여 문제를 해결할 수 있다.
– 곱셈의 교환법칙을 이해할 수 있다.
– 받아올림이나 받아내림이 없는 세 자리 수의 덧셈과 뺄셈을 할 수 있다.
– 1 m의 단위를 알고 길이를 재어 '몇 m 몇 cm'로 나타낼 수 있고, 여러 가지 물건의
  길이를 어림하여 나타낼 수 있다.
– 길이의 덧셈과 뺄셈을 할 수 있다.

● 지도 내용
– 2~9의 단 곱셈구구의 구성 원리를 이해하고 곱셈구구표를 만들고 규칙을 찾아보
  게 한다.
– 곱셈을 활용하여 여러 가지 문제를 해결해 보게 한다.
– 받아올림이 없는 세 자리 수끼리의 합을 어림하여 알게 하고, 계산 원리와 형식을 이해
  하고 계산하게 한다.
– 받아내림이 없는 세 자리 수끼리의 차를 어림하여 알게 하고, 계산 원리와 형식을 이해
  하고 계산하게 한다.
– 길이를 m와 cm로 나타낼 수 있게 하고, '약'을 사용하여 나타낼 수 있게 한다.
– 몇 m 몇 cm로 나타낸 두 길이의 합과 차를 구할 수 있게 한다.

● 지도 요점
앞에서 학습한 곱셈구구, 덧셈과 뺄셈 (1), 길이 재기를 확인 학습하는 주입니다.
여러 유형의 문제를 접해 보게 함으로써 아이가 학습한 지식을 잘 응용할 수 있도록
지도해 주십시오. 그리고 성취도 테스트를 이용해서 주어진 시간 내에 주어진 문제를
푸는 연습을 하도록 지도해 주십시오.

✿ 이름 :

✿ 날짜 :

✿ 시간 :　　　시　　　분 ~　　　시　　　분

🐸 다음 ☐ 안에 알맞은 수를 써넣으시오.(1~12)

1. $6 \times 3 = \boxed{}$

2. $1 \times 0 = \boxed{}$

3. $9 \times 7 = \boxed{}$

4. $4 \times 4 = \boxed{}$

5. $2 \times \boxed{} = 14$

6. $5 \times \boxed{} = 40$

7. $7 \times \boxed{} = 21$

8. $8 \times \boxed{} = 24$

9. $\boxed{} \times 9 = 27$

10. $\boxed{} \times 6 = 42$

11. $\boxed{} \times 5 = 45$

12. $\boxed{} \times 1 = 8$

확인 학습

👻 다음 ⬤ 안의 수를 한 자리 수끼리의 곱으로 나타내시오.(13~16)

13.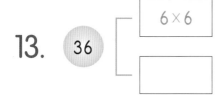
36 ⎡ 6×6 ⎤

14. 18 ⎡ ⎤

15. 24 ⎡ ⎤

16. 12 ⎡ ⎤

👻 다음 ○ 안에 >, =, <를 알맞게 써넣으시오.(17~20)

17. 2×5 ◯ 3×3

18. 9×2 ◯ 4×5

19. 6×9 ◯ 8×7

20. 2×8 ◯ 4×4

👻 다음 □ 안에 알맞은 수를 써넣으시오.(21~24)

21. 5×7=(5×6)+□

22. 8×□=(8×5)+8

23. 2×8=(2×□)+2

24. 9×5=(□×4)+9

✿ 이름 :

✿ 날짜 :

✿ 시간 :　　시　　분 ~ 　　시　　분

확인

🐸 다음 빈칸에 알맞은 수를 써넣으시오.(1~6)

1.

×2	×6

0		
1		
2		
3		
4		

2.

×1	×9

0		
1		
5		
7		
8		

3.

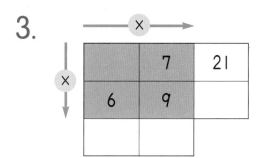

×→		
	7	21
6	9	

4.

×→		
7		42
	8	
63		

5.

		56	
35	5	7	35
	9	8	

6.

48	6	8	
		4	9
		24	

7. 빈 곳에 알맞은 수를 써넣으시오.

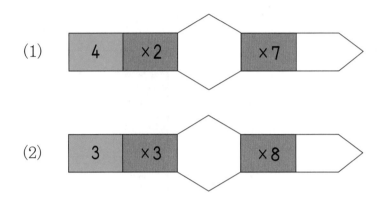

(1) 4 ×2 ⬡ ×7 ⬜

(2) 3 ×3 ⬡ ×8 ⬜

8. 두 식을 보고 ㉠과 ㉡의 곱을 구하시오.

㉠ × 3 = 3,   7 × ㉡ = 0

[답]

9. ●은 모두 몇 개인지 3가지 방법으로 알아보시오.

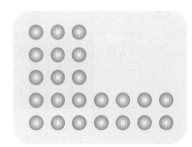

(1) (3 × ☐) + (7 × ☐) = ☐

(2) (3 × ☐) + (4 × ☐) = ☐

(3) (7 × ☐) − (4 × ☐) = ☐

❀ 이름 :

❀ 날짜 :

❀ 시간 :   시   분 ~   시   분

1. 곱셈표를 보고 물음에 답하시오.

×	1	2	3	4	5	6
6	6	12	18	24	30	36
7	7	14	21	28	35	42
8	8	16	24	32	40	48

(1) 빨간색 선으로 둘러싸인 수들에는 어떤 규칙이 있습니까?

[답]

(2) 파란색으로 칠한 곳의 수들에는 어떤 규칙이 있습니까?

[답]

2. 곱셈표의 일부분입니다. 점선을 따라 접었을 때, 색칠한 칸과 만나는 곳에 알맞은 수를 써넣으시오.

×	4	5	6	7	8	9
4						
5						
6						
7						
8						
9						

F-228b

3. 그림을 보고 ☐ 안에 알맞은 수를 써넣으시오.

$8 \times \boxed{} = \boxed{}$

$\boxed{} \times 8 = \boxed{}$

4. ☐ 안에 알맞은 수를 써넣으시오.

(1)
$6 \times 4 = \boxed{}$

$4 \times \boxed{} = 24$

(2)
$8 \times 9 = \boxed{}$

$9 \times \boxed{} = 72$

(3) $2 \times 3 = \boxed{} \times 2$

(4) $\boxed{} \times 5 = 5 \times 7$

5. 규칙을 찾아 빈 곳에 알맞은 수를 써넣으시오.

(1)

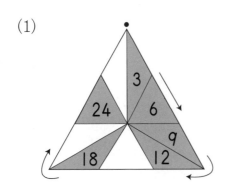

(2)

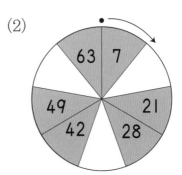

확인 학습

✿ 이름 :

✿ 날짜 :

✿ 시간 :   시   분 ~   시   분

확인

1. 구멍이 2개인 단추가 있습니다. 단추 8개에 있는 구멍은 모두 몇 개입니까?

[식]   [답]

2. 빵을 접시 하나에 4개씩 3접시 담았습니다. 접시에 담은 빵은 모두 몇 개입니까?

[식]   [답]

3. 긴 의자 한 개에 7명씩 앉을 수 있습니다. 긴 의자 9개에는 모두 몇 명이 앉을 수 있습니까?

[식]   [답]

4. 야구는 한 팀에 9명의 선수가 경기를 합니다. 6팀이면 선수는 모두 몇 명입니까?

[식]   [답]

확인 학습

5. 태석이는 9살입니다. 아버지의 나이는 태석이의 나이의 4배보다 7살 더 많습니다. 아버지의 나이는 몇 살입니까?

[답]

6. 구슬을 선희는 3개씩 5묶음 가지고 있고, 세란이는 8개씩 2묶음 가지고 있습니다. 누가 몇 개 더 많이 가지고 있습니까?

[답]

7. 마당에서 강아지 7마리와 닭 4마리가 놀고 있습니다. 강아지와 닭의 다리를 합하면 모두 몇 개입니까?

[답]

8. 두리는 과녁 맞히기 놀이에서 5점에 3번, 7점에 2번, 9점에 3번 맞혔습니다. 두리가 과녁 맞히기 놀이에서 얻은 점수는 모두 몇 점입니까?

[답]

★ 이름 :

★ 날짜 :

★ 시간 :　　시　　분 ~　　시　　분

확인

🐸 다음 계산을 하시오.(1~8)

1.
```
   4 5 0
 + 3 4 0
```

2.
```
   2 4 4
 + 5 2 0
```

3.
```
   3 0 6
 + 4 2 2
```

4.
```
   7 0 3
 + 1 0 5
```

5.
```
   7 6 0
 - 2 3 0
```

6.
```
   8 0 7
 - 6 0 3
```

7.
```
   9 8 7
 - 6 3 5
```

8.
```
   7 5 6
 - 4 0 2
```

확인 학습

F-230b .

👻 다음 계산을 하시오.(9~18)

9. 420+150=

10. 160+300=

11. 510+430=

12. 234+154=

13. 412+203=

14. 870-640=

15. 460-200=

16. 648-341=

17. 776-634=

18. 559-128=

확인 학습

✿ 이름 :

✿ 날짜 :

✿ 시간 : 시   분 ~ 시   분

확인

🐸 다음 수를 구하시오.(1~5)

1. 100이 7, 10이 5, 1이 25인 수보다 113 큰 수

[답]

2. 100이 3, 10이 25, 1이 7인 수보다 401 큰 수

[답]

3. 100이 9, 10이 7, 1이 5인 수보다 523 작은 수

[답]

4. 100이 8, 10이 6, 1이 28인 수보다 354 작은 수

[답]

5. 100이 7, 10이 26, 1이 22인 수보다 431 작은 수

[답]

😀 다음 ☐ 안에 알맞은 수를 써넣으시오. (6~9)

6.
240+430

$$\begin{array}{r} 2\,4\,0 \\ +\ 4\,3\,0 \\ \hline \end{array}$$

7.
520+320

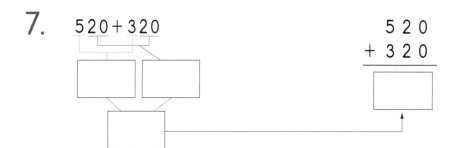

$$\begin{array}{r} 5\,2\,0 \\ +\ 3\,2\,0 \\ \hline \end{array}$$

8.
950-630

$$\begin{array}{r} 9\,5\,0 \\ -\ 6\,3\,0 \\ \hline \end{array}$$

9.
750-540

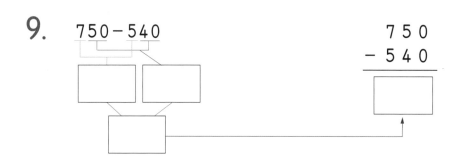

$$\begin{array}{r} 7\,5\,0 \\ -\ 5\,4\,0 \\ \hline \end{array}$$

확인 학습

✿ 이름 :

✿ 날짜 :

✿ 시간 :　　시　　분 ~ 　　시　　분

확인

🐸 다음 ☐ 안에 알맞은 숫자를 써넣으시오.(1~8)

1.
```
    5 ☐ 4
  + 2 4 ☐
  ───────
    ☐ 8 7
```

2.
```
    ☐ 5 4
  + 3 ☐ 4
  ───────
    7 8 ☐
```

3.
```
    ☐ 7 ☐
  - 3 ☐ 4
  ───────
    5 5 2
```

4.
```
    8 ☐ 9
  - 2 4 ☐
  ───────
    ☐ 4 2
```

5. 786 + ☐ = 889

6. ☐ + 234 = 769

7. 775 - ☐ = 123

8. ☐ - 246 = 650

확인 학습

F-232b

👻 다음 ⬜ 안에 들어갈 수 있는 수 중에서 가장 작은 수를 쓰시오.(9~10)

9. $867 - \square < 523$

[답]

10. $324 + \square > 745$

[답]

👻 다음 ⬜ 안에 들어갈 수 있는 수 중에서 가장 큰 수를 쓰시오.(11~12)

11. $967 - \square > 234$

[답]

12. $345 + \square < 657$

[답]

👻 다음 그림을 보고 ㉮와 ㉯를 각각 구하시오.(13~14)

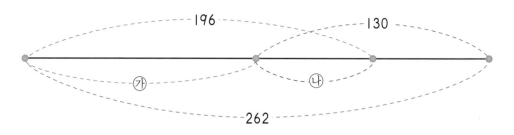

13. ㉮ : (   )

14. ㉯ : (   )

이름 :

날짜 :

시간 : 시 분 ~ 시 분

확인

1. 진솔이는 동생과 함께 밤을 주웠습니다. 진솔이는 160개를 주웠고, 동생은 130개를 주웠습니다. 진솔이와 동생이 주운 밤은 모두 몇 개입니까?

[식]   [답]

2. 동화책이 2권 있습니다. 한 권은 184쪽이고, 다른 한 권은 104쪽입니다. 두 동화책의 쪽수를 더하면 모두 몇 쪽입니까?

[식]   [답]

3. 주차장에 있던 자동차 중에서 63대가 나가고 104대가 남았습니다. 처음 주차장에 있던 자동차는 몇 대입니까?

[식]   [답]

4. 성은이네 과수원에서 사과는 123개 땄고, 귤은 사과보다 211개 더 많이 땄습니다. 성은이네 과수원에서 딴 사과와 귤은 모두 몇 개입니까?

[답]

5. 운동장에 모인 학생은 모두 456명입니다. 그중에서 남학생이 231명입니다. 여학생은 몇 명입니까?

[식]   [답]

6. 미나는 색종이를 350장 가지고 있습니다. 그중에서 동생에게 몇 장을 주었더니, 미나가 가진 색종이는 230장이 되었습니다. 미나가 동생에게 준 색종이는 몇 장입니까?

[식]   [답]

7. 극장에 연극을 보러 온 학생은 남학생이 152명, 여학생이 267명입니다. 여학생은 남학생보다 몇 명 더 많습니까?

[식]   [답]

8. 명희는 770원을 가지고 450원짜리 초콜릿을 샀고, 경수는 850원을 가지고 630원짜리 음료수를 샀습니다. 누가 얼마나 더 많이 남았습니까?

[답]

F-234a

✿ 이름 :

✿ 날짜 :

✿ 시간 :   시   분 ~   시   분

확인

🐸 다음 ☐ 안에 알맞은 수를 써넣으시오.(1~12)

1. 480 cm = ☐ m ☐ cm   2. 620 cm = ☐ m ☐ cm

3. 248 cm = ☐ m ☐ cm   4. 862 cm = ☐ m ☐ cm

5. 504 cm = ☐ m ☐ cm   6. 707 cm = ☐ m ☐ cm

7. 5 m 60 cm = ☐ cm   8. 4 m 40 cm = ☐ cm

9. 2 m 53 cm = ☐ cm   10. 9 m 85 cm = ☐ cm

11. 3 m 2 cm = ☐ cm   12. 8 m 8 cm = ☐ cm

확인 학습

👻 다음 색 테이프의 길이를 자로 재어 보고, ☐ 안에 알맞게 써넣으시오.(13~15)

13.

☐ cm 조금 ☐ 되므로 약 ☐ cm입니다.

14.

☐ cm 조금 ☐ 되므로 약 ☐ cm입니다.

15.

약 ☐ cm

👻 다음 선분을 그려 보시오.(16~18)

16. 4 cm 조금 못 되는 선분 : ┠------------------------------

17. 5 cm 조금 더 되는 선분 : ┠------------------------------

18. 약 6 cm : ┠------------------------------

 확인 학습

✿ 이름 :

✿ 날짜 :

✿ 시간 :　　시　　분 ~　　시　　분

확인

🐸 다음 계산을 하시오.(1~8)

1. 2 m 30 cm+4 m 10 cm= ⬚ m ⬚ cm

2. 2 m 5 cm+3 m 36 cm= ⬚ m ⬚ cm

3. 5 m 26 cm+464 cm= ⬚ m ⬚ cm

4. 430 cm+4 m 25 cm= ⬚ m ⬚ cm

5. 9 m 60 cm−5 m 30 cm= ⬚ m ⬚ cm

6. 8 m 52 cm−2 m 26 cm= ⬚ m ⬚ cm

7. 760 cm−3 m 20 cm= ⬚ m ⬚ cm

8. 8 m 20 cm−605 cm= ⬚ m ⬚ cm

확인 학습

F-235b

👻 다음 계산을 하시오.(9~16)

9.
$$\begin{array}{r} 7\,\text{m}\ 50\,\text{cm} \\ +\ 1\,\text{m}\ 20\,\text{cm} \\ \hline \end{array}$$

10.
$$\begin{array}{r} 3\,\text{m}\ 64\,\text{cm} \\ +\ 2\,\text{m}\ 32\,\text{cm} \\ \hline \end{array}$$

11.
$$\begin{array}{r} 6\,\text{m}\ 28\,\text{cm} \\ +\ 3\,\text{m}\ 36\,\text{cm} \\ \hline \end{array}$$

12.
$$\begin{array}{r} 5\,\text{m}\ 49\,\text{cm} \\ +\ 5\,\text{m}\ 13\,\text{cm} \\ \hline \end{array}$$

13.
$$\begin{array}{r} 5\,\text{m}\ 50\,\text{cm} \\ -\ 2\,\text{m}\ 30\,\text{cm} \\ \hline \end{array}$$

14.
$$\begin{array}{r} 4\,\text{m}\ 54\,\text{cm} \\ -\ 3\,\text{m}\ 21\,\text{cm} \\ \hline \end{array}$$

15.
$$\begin{array}{r} 8\,\text{m}\ 45\,\text{cm} \\ -\ 3\,\text{m}\ 29\,\text{cm} \\ \hline \end{array}$$

16.
$$\begin{array}{r} 9\,\text{m}\ 73\,\text{cm} \\ -\ 4\,\text{m}\ 34\,\text{cm} \\ \hline \end{array}$$

확인 학습

확인

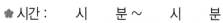

♣ 이름 :

♣ 날짜 :

♣ 시간 :　　시　　분 ～　　시　　분

F-236a

1. 5 m 63 cm를 바르게 읽어 보시오.

[답]

2. 희선이의 키는 140 cm입니다. 희선이의 키는 몇 m 몇 cm입니까?

[답]

3. ○ 안에 >, =, <를 알맞게 써넣으시오.

(1) 268 cm ◯ 2 m 86 cm　　(2) 5 m 5 cm ◯ 505 cm

4. 색 테이프의 길이는 몇 m 몇 cm입니까?

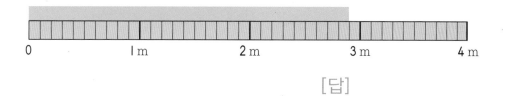

[답]

5. 색 테이프의 길이는 약 몇 cm입니까?

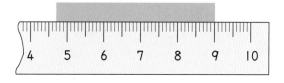

[답]

6. 선분의 길이를 자로 재어 보고 물음에 답하시오.

(1) 길이가 8 cm 조금 더 되는 선분은 어느 것입니까?

[답] _____

(2) 길이가 약 9 cm인 선분을 모두 쓰시오.

[답] _____

(3) 길이가 약 10 cm인 선분을 모두 쓰시오.

[답] _____

7. 책꽂이 한 칸의 높이가 40 cm라고 합니다. 한솔이의 키는 약 몇 cm입니까?

[답] _____

확인 학습

F-237a

● 이름 :

● 날짜 :

● 시간 :　　시　　분~　　시　　분

확인

1. 길이가 4 m 56 cm인 철사에 2 m 22 cm인 철사를 맞대어 이었습니다. 이은 철사의 길이는 모두 몇 m 몇 cm입니까?

[답]

2. 큰 상자를 포장한 끈을 풀었더니 3 m 25 cm였고, 작은 상자를 포장한 끈을 풀었더니 145 cm였습니다. 두 상자를 포장하는 데 사용한 끈의 길이는 모두 몇 m 몇 cm입니까?

[답]

3. 두 막대의 길이의 합은 8 m 40 cm이고, 긴 막대의 길이는 4 m 40 cm 입니다. 짧은 막대의 길이는 몇 m입니까?

[답]

4. 형의 키는 155 cm이고, 동생의 키는 1 m 38 cm입니다. 형과 동생의 키의 차는 몇 cm입니까?

[답]

확인 학습

5. 동생의 키는 1 m 28 cm입니다. 형은 동생보다 27 cm 더 크고, 형은 삼촌보다 29 cm 더 작습니다. 삼촌의 키는 몇 m 몇 cm입니까?

[답]

6. 길이가 1 m 36 cm인 색 테이프 2개를 그림과 같이 5 cm 겹쳐지게 이어 붙이려고 합니다. 색 테이프의 전체 길이는 몇 m 몇 cm입니까?

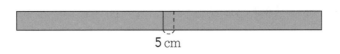

5 cm

[답]

7. 색 테이프로 상자를 포장하려고 합니다. 1 m 25 cm씩 2번 잘라 썼더니 30 cm가 남았다면, 처음에 있던 색 테이프의 길이는 몇 m 몇 cm 입니까?

[답]

8. 길이가 2 m 90 cm인 철사가 있습니다. 24 cm의 철사로 사각형 1개를 만들 수 있다면, 사각형 3개를 만들고 남은 철사의 길이는 몇 m 몇 cm 입니까?

[답]

확인 학습

✿ 이름 :

✿ 날짜 :

✿ 시간 :　　시　　분 ~　　시　　분

확인

🌑 창의력 학습

준비물 : 숫자 카드(0~9까지 각각 2장씩), 말 2개

규칙 : 두 사람이 놀이를 합니다.

★ 숫자 카드 0~4와 5~9를 따로 섞어서 뒤집어 놓습니다.

★ 한 명씩 돌아가며 0~4 더미에서 3장을 집어 세 자리 수를 만든 후, 5~9
더미에서 3장을 집어 세 자리 수를 만듭니다.

★ 각자 만든 두 수의 차를 구합니다.

★ 차를 비교하여 큰 쪽은 2칸, 작은 쪽은 1칸씩 말을 움직입니다.
도착점에 먼저 가는 사람이 이깁니다.

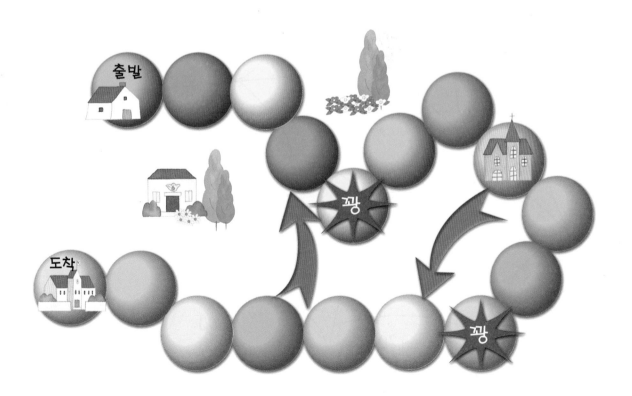

매미가 거미줄에 걸렸습니다. 계산한 값을 더해서 가장 작은 수가 나오는 길로
가면 매미를 구할 수 있다고 합니다. 매미를 구할 수 있는 길을 찾아보시오.

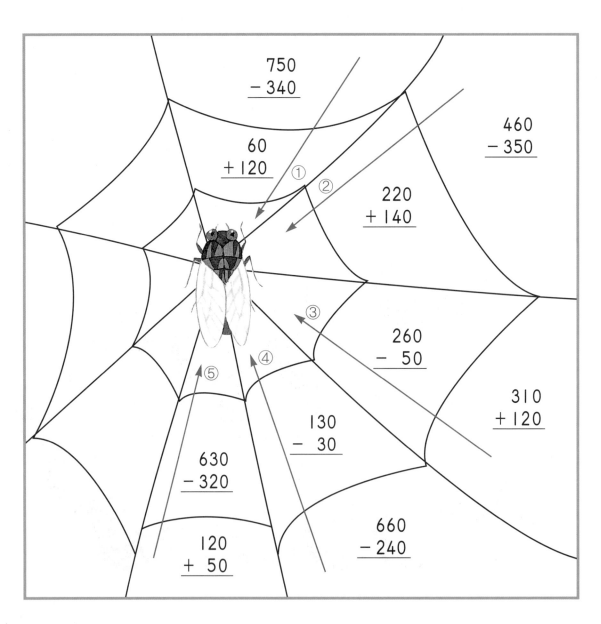

★ 이름 :

★ 날짜 :

★ 시간 : 　시　분~　시　분

확인

경시 대회 예상 문제

1. 한 봉지에 3개씩 들어 있는 사탕이 8봉지 있습니다. 이 사탕을 여섯 사람에게 똑같이 나누어 주었습니다. 한 사람에게 몇 개씩 나누어 주었습니까?

[답]

2. 규현이는 98쪽짜리 동화책을 매일 똑같은 쪽수씩 일주일 동안 읽었더니 35쪽이 남았습니다. 규현이는 이 동화책을 하루에 몇 쪽씩 읽었습니까?

[답]

3. 어떤 수에 8을 더해야 하는데 잘못하여 곱하였더니 48이 되었습니다. 바르게 계산하면 얼마입니까?

[답]

4. 어떤 두 수의 차는 3이고 곱은 28입니다. 두 수 중에서 큰 수의 9배는 얼마입니까?

[답]

5. 3의 단 곱셈구구에서 곱의 십의 자리 숫자와 일의 자리 숫자를 더해 보면 어떤 규칙이 있습니까?

×	1	2	3	4	5	6	7	8	9
3	3	6	9	12	15	18	21	24	27

[답]

6. □ 안에 알맞은 숫자를 써넣으시오.

(1)
```
    6 4 2
 + □ 3 □
 ─────────
   8 □ 9
```

(2)
```
   7 7 □
 - 3 □ 2
 ─────────
   □ 6 4
```

(3) 460+320

= 460+ ⬚ +20

= ⬚ +20

= ⬚

(4) 790-430

= 790- ⬚ -30

= ⬚ -30

= ⬚

7. ● 안의 수는 양쪽 █ 안의 수를 더한 것입니다. 빈 곳에 알맞은 수를 써넣으시오.

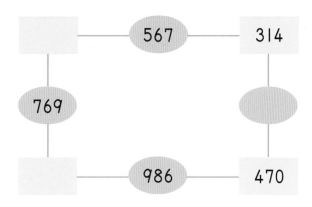

8. 0부터 9까지의 숫자 중에서 □ 안에 들어갈 수 있는 숫자들을 모두 쓰시오.

$$205+340 < 798-2\square3$$

[답]

9. 주어진 수들을 □ 안에 한 번씩만 써넣어서 덧셈식이나 뺄셈식을 만드시오.

352, 423, 586, 657

$$234+\boxed{}=\boxed{}, \quad \boxed{}-\boxed{}=234$$

10. 선분의 길이를 자로 재어 보고, 그 길이를 두 가지 방법으로 나타내어 보시오.

_____

[답]

11. ☐ 안에 알맞은 수를 써넣으시오.

(1) 5 m ☐ cm + ☐ m 55 cm = 8 m 82 cm

(2) ☐ m 80 cm − 2 m ☐ cm = 5 m 44 cm

12. 색 테이프가 3개 있습니다. ㉮는 ㉯보다 50 cm 더 길고, ㉯는 ㉰보다 30 cm 더 짧습니다. 짧은 것부터 차례로 기호를 쓰시오.

[답]

13. 기호는 높이가 75 cm인 책상에 올라서서 바닥에서부터 머리끝까지 재었더니 1 m 90 cm가 되었습니다. 이번에는 의자에 올라서서 똑같이 재었더니 171 cm가 되었습니다. 의자의 높이는 몇 cm입니까?

[답]

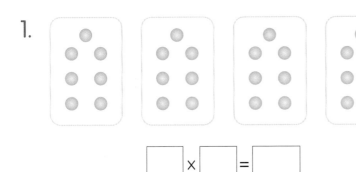
🐸 다음 그림을 보고 □ 안에 알맞은 수를 써넣으시오.(1~2)

1.

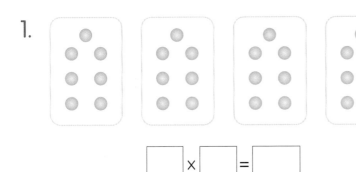

□ × □ = □

2.

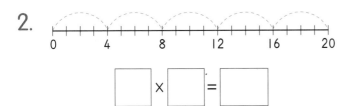

□ × □ = □

3. ○ 안에 >, =, <를 알맞게 써넣으시오.

(1) 8 × 4 ○ 6 × 5   (2) 3 × 9 ○ 5 × 7

(3) 3 × 6 ○ 9 × 2   (4) 7 × 7 ○ 4 × 8

4. 빈칸에 알맞은 수를 써넣고, 파란색 선으로 둘러싸인 수들에는 어떤 규칙이 있는지 쓰시오.

×	2	3	4	5	6	7	8	9
2		6		10		14	16	
4	8			20	24			36
6			24	30	36			
7	14				42			
9		27			54		72	

[답]

5. 두 수의 합과 차를 각각 구하시오.

132,   435

합 _____ , 차 _____

6. □ 안에 알맞은 수를 써넣으시오.

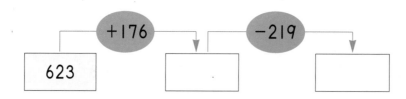

7. □안에 알맞은 숫자를 써넣으시오.

(1)
```
    3 □ 2
  + 5 8 □
  ───────
    □ 9 5
```

(2)
```
    8 □ 7
  − □ 4 5
  ───────
    3 2 □
```

8. 계산한 값이 큰 것부터 차례로 기호를 쓰시오.

㉠ 325+214
㉡ 639−137
㉢ 100이 5, 10이 4, 1이 9인 수

[답] _____

9. □안에 알맞은 수를 써넣으시오.

(1) 140+350

=(100+ ⬚)+(⬚ +50)

=400+ ⬚

= ⬚

(2) 960−530

=(⬚ −500)+(60− ⬚)

= ⬚ +30

= ⬚

10. ☐ 안에 알맞은 수를 써넣으시오.

(1) 748 cm = ☐ m ☐ cm   (2) 3 m 94 cm = ☐ cm

11. ○ 안에 >, =, <를 알맞게 써넣으시오.

(1) 5 m ◯ 498 cm   (2) 813 cm ◯ 8 m 13 cm

12. 길이가 짧은 것부터 차례로 기호를 쓰시오.

㉠ 6 m 35 cm   ㉡ 630 cm   ㉢ 6 m 5 cm   ㉣ 590 cm

[답]

13. 그림을 보고 ☐ 안에 알맞은 수나 말을 써넣으시오.

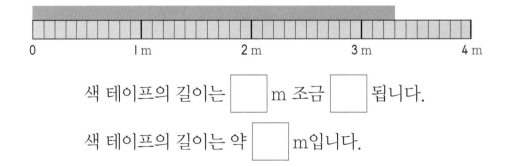

색 테이프의 길이는 ☐ m 조금 ☐ 됩니다.

색 테이프의 길이는 약 ☐ m입니다.

14. 계산을 하시오.

(1)
```
    3 m  45 cm
+   4 m  26 cm
```

(2)
```
    8 m  28 cm
−   5 m  19 cm
```

(3) $3 \text{ m } 28 \text{ cm} + 539 \text{ cm}$

= ☐ cm

(4) $693 \text{ cm} - 4 \text{ m } 18 \text{ cm}$

= ☐ m ☐ cm

15. 바둑판에 흰색 바둑돌은 6개씩 7줄이 놓여 있고, 검은색 바둑돌은 8개씩 9줄이 놓여 있습니다. 바둑돌은 모두 몇 개입니까?

[답] _____

16. 엄마, 아빠, 나는 산에 가서 밤을 주웠습니다. 아빠는 엄마보다 13개 더 많이 주웠고, 나는 엄마보다 20개 더 적게 주웠습니다. 아빠가 주운 밤이 135개이면, 세 사람이 주운 밤은 모두 몇 개입니까?

[답] _____

17. 오른쪽 표는 연수와 유미가 어제와 오늘 동화책을 읽은 쪽수입니다. 누가 몇 쪽 더 많이 읽었습니까?

[답] _____

이름 \ 날짜	어제	오늘
연수	135쪽	150쪽
유미	178쪽	210쪽

18. 어떤 수를 4배 하였더니 30보다 2 작은 수가 되었습니다. 어떤 수는 얼마입니까?

[답] _____

19. 집에서 놀이터를 거쳐 학교까지 가는 거리는 몇 m 몇 cm입니까?

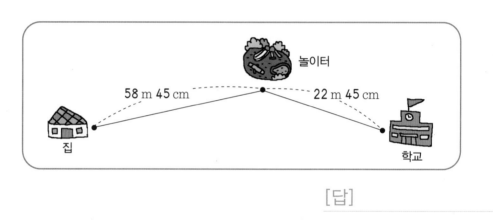

[답] _____

20. ㉠에서 ㉢까지의 거리는 50 m 40 cm이고, ㉡에서 ㉢까지의 거리는 20 m 17 cm입니다. ㉠에서 ㉡까지의 거리는 몇 m 몇 cm입니까?

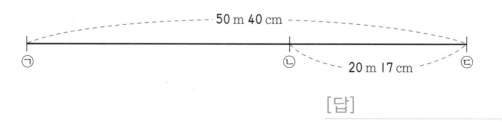

[답] _____

181a
1. 2　　　2. 4　　　3. 3, 6
4. 4, 8　　5. 5, 10　6. 6, 12
7. 7, 14　8. 8, 16　9. 9, 18

181b
10. 2, 4, 6, 8, 10, 12, 14, 16, 18
11. (1) 4, 8, 6, 16　(2) 7, 14
(3) 2, 5, 10
12. 2, 2

182a
1. 3　　　2. 6　　　3. 3, 9
4. 4, 12　5. 5, 15　6. 6, 18
7. 7, 21　8. 8, 24　9. 9, 27

182b
10. 3, 6, 9, 12, 15, 18, 21, 24, 27
11. (1) 9, 15, 7, 27　(2) 4, 12
(3) 3, 6, 18
12. 3, 3

183a
1. 4　　　2. 8　　　3. 3, 12
4. 4, 16　5. 5, 20　6. 6, 24
7. 7, 28　8. 8, 32　9. 9, 36

183b
10. 4, 8, 12, 16, 20, 24, 28, 32, 36
11. (1) 8, 20, 6, 32　(2) 9, 36
(3) 4, 3, 12
12. 4, 4

184a
1. 5　　　2. 10　　　3. 3, 15
4. 4, 20　5. 5, 25　6. 6, 30
7. 7, 35　8. 8, 40　9. 9, 45

184b
10. 5, 10, 15, 20, 25, 30, 35, 40, 45
11. (1) 15, 20, 7, 45　(2) 8, 40
(3) 5, 2, 10
12. 5, 5

185a
1. 6　　　2. 12　　　3. 3, 18

4. 4, 24　5. 5, 30　6. 6, 36
7. 7, 42　8. 8, 48　9. 9, 54

185b
10. 6, 12, 18, 24, 30, 36, 42, 48, 54
11. (1) 24, 30, 6, 42　(2) 9, 54
(3) 6, 3, 18
12. 6, 6

186a
1. 7　　　2. 14　　　3. 3, 21
4. 4, 28　5. 5, 35　6. 6, 42
7. 7, 49　8. 8, 56　9. 9, 63

186b
10. 7, 14, 21, 28, 35, 42, 49, 56, 63
11. (1) 14, 21, 8, 63　(2) 5, 35
(3) 7, 4, 28
12. 7, 7

187a
1. 8　　　2. 16　　　3. 3, 24
4. 4, 32　5. 5, 40　6. 6, 48
7. 7, 56　8. 8, 64　9. 9, 72

187b
10. 8, 16, 24, 32, 40, 48, 56, 64, 72
11. (1) 16, 24, 6, 56　(2) 8, 64
(3) 8, 5, 40
12. 8, 8

188a
1. 9　　　2. 18　　　3. 3, 27
4. 4, 36　5. 5, 45　6. 6, 54
7. 7, 63　8. 8, 72　9. 9, 81

188b
10. 9, 18, 27, 36, 45, 54, 63, 72, 81
11. (1) 36, 45, 8, 81　(2) 6, 54
(3) 9, 2, 18
12. 9, 9

189a

1.

×	1	2	3	4	5	6	7	8	9
2	2	4	6	8	10	12	14	16	18
3	3	6	9	12	15	18	21	24	27

2.

×	1	2	3	4	5	6	7	8	9
4	4	8	12	16	20	24	28	32	36
5	5	10	15	20	25	30	35	40	45

3.

×	1	2	3	4	5	6	7	8	9
6	6	12	18	24	30	36	42	48	54
7	7	14	21	28	35	42	49	56	63

4.

×	1	2	3	4	5	6	7	8	9
8	8	16	24	32	40	48	56	64	72
9	9	18	27	36	45	54	63	72	81

189b

5. [식] 2×6=12　　　[답] 12개
6. [식] 4×7=28　　　[답] 28개
7. [식] 7×8=56　　　[답] 56명
8. [식] 3×9=27　　　[답] 27자루

190a

1. 7　　　2. 0　　　3. 0
4. 5　　　5. 9　　　6. 0

190b

7. (1) 5, 2, 8, 7　(2) 0, 0, 0, 0
8. 0×9, 5×0, 0×1, 7×0
9. (1) 0, 3, 4　(2) 7점
풀이 (1) 0×4=0(점), 1×3=3(점)
　　　2×2=4(점)
　　　(2) 0+3+4=7(점)

191a

1. 생략　　　2. 2씩 커집니다.
3. 3, 4　　　4. 같습니다.
5. 5, 0이 차례로 반복됩니다.
풀이 곱의 일의 자리 숫자들을 차례로 써 보면 5, 0, 5, 0, 5, 0, 5, 0, 5로 5, 0이 차례로 반복됩니다.
6. 1씩 작아집니다.
풀이 곱의 일의 자리 숫자들을 차례로 써 보면 9, 8, 7, 6, 5, 4, 3, 2, 1로 1씩 작아집니다.

191b

7.

×	1	2	3	4	5	6
1	1	2	3	4	5	6
2	2	4	6	8	10	12
3	3	6	9	12	15	18
4	4	8	12	16	20	24
5	5	10	15	20	25	30
6	6	12	18	24	30	36

8. 3씩 커지는 규칙이 있습니다.
9. 같습니다.
10. (3, 15), (3, 15)
풀이 5개씩 3묶음 : 5×3=15
　　　3개씩 5묶음 : 3×5=15
11. (1) 3　(2) 5
풀이 곱하는 두 수를 바꾸어 곱해도 그 곱은 같습니다.

192a

1. (21, 28, 35, 42, 49, 56, 63), 7
2. (1) 8　(2) 5　(3) 7　(4) 6
3. (1) =　(2) >　　4. ㄴ, ㄱ, ㄹ, ㄷ

192b

5. ③

6.

3	8	24
9	7	63
27	56	

7.

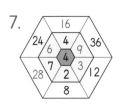

8. 3, 1, 0

193a

1. 5씩 커지는 규칙이 있습니다.

2.

×	6	7	8	9
6				
7			63	
8				
9	★			

3. 0　　　4. (2, 12), (6, 12)

193b

5. 42문제
6. 예진이가 1개 더 많이 가지고 있습니다.
7. 0점
8. 6개
풀이 6×2=12, 2×6=12

194a

194b ②, ③, ⑤

195a

1. (1) 4   (2) 4
2. 6개
풀이 6×5=30, 6×6=36이므로 □ 안에 들어갈 수 있는 수는 0, 1, 2, 3, 4, 5입니다.
3. 6×7=42, 7×6=42
4. (1) 3, 2, 19 (2) 5, 3, 19
   (3) 5, 2, 19
풀이 (1) 가로로 묶는 방법
   (2) 세로로 묶는 방법
   (3) 전체에서 빈 곳을 빼는 방법

195b

5. 15
6. 6
풀이 2×9=18, 3×6=18에서 큰 수가 작은 수의 2배인 경우는 3×6=18 입니다.
7. (1) 20, 35, 45 (2) 40, 48, 64
8. 24, (36, 9)

196a

1. 3, 4, 700   2. 4, 2, 600
3. 5, 3, 800   4. 6, 3, 900

196b

5. 800   6. 500   7. 800
8. 600   9. 700   10. 800
11. 800   12. 900

197a

1. 0, 60, 760   2. 0, 70, 970
3. 0, 90, 890

197b

4. 280   5. 390   6. 880
7. 780   8. 790   9. 880
10. 990   11. 390

198a

1. 8, 78, 878   2. 8, 68, 868
3. 8, 48, 948

198b

4. 277   5. 299   6. 894
7. 776   8. 794   9. 882
10. 946   11. 563

199a

1. 200, 30, 700, 770
2. 100, 30, 5, 700, 9, 759

199b

3. 620   4. 170   5. 800
6. 970   7. 576   8. 347
9. 779   10. 559   11. 798
12. 687

200a

1. (1) 200   (2) 400   (3) 600
2. 236, 343, 579
3. ㉡, ㉢ 풀이 ㉠ 590, ㉡ 640
   ㉢ 650, ㉣ 590

200b

4. [식] 300+200=500
   [답] 500걸음
5. [식] 432+551=983
   [답] 983명
6. [식] 348+541=889 [답] 889
7. 767개
풀이 (검은색 바둑돌)=321+125
   =446(개)
(바둑돌)=321+446=767(개)

201a
1. 3, 2, 100
2. 6, 2, 400
3. 7, 3, 400
4. 9, 3, 600

201b
5. 200
6. 300
7. 200
8. 300
9. 700
10. 600
11. 400
12. 400

202a
1. 0, 40, 440
2. 0, 60, 160
3. 0, 10, 510

202b
4. 420
5. 520
6. 530
7. 240
8. 300
9. 600
10. 180
11. 260

203a
1. 1, 21, 321
2. 0, 30, 230
3. 1, 41, 341

203b
4. 641
5. 574
6. 225
7. 680
8. 303
9. 300
10. 373
11. 452

204a
1. 200, 10, 500, 530
2. 300, 50, 1, 500, 5, 525

204b
3. 400
4. 740
5. 620
6. 420
7. 611
8. 771
9. 405
10. 270
11. 700
12. 403

205a
1. (1) 500 (2) 700 (3) 200
2. 660, 260, 400
3. (1) ① 460, ② 500
    ③ 260, ④ 300
   (2) ① 443, ② 222
    ③ 231, ④ 10

205b
4. [식] 250-140=110
   [답] 110쪽
5. [식] 495-145=350
   [답] 350장
6. [식] 979-170=809 [답] 809
7. 376장
풀이 동생 : 254-132=122(장)
합 : 254+122=376(장)

206a
1. 820 | 860 2. 770 | 780
   860   780
3. 750 | 780 4. 860 | 890
   780   890

206b
5. 700 90   790
   790
6. 900 80   980
   980
7. 600 70   670
   670
8. 500 80   580
   580

207a
1. 480 | 450 2. 470 | 420
   450   420
3. 270 | 260 4. 480 | 420
   260   420

※해답은 따로 보관하고 있다가 채점할 때 사용해 주세요.

207b

5. 500 30 → 530
 530

6. 300 20 → 320
 320

7. 600 80 → 680
 680

8. 500 50 → 550
 550

208a

1. (1) 669 (2) 568
 (3) 552 (4) 642

2. 800쯤
풀이 462는 500에 가깝고, 315는 300에 가깝습니다.
462+315 ➡ 500+300=800(쯤)

3. 800쯤
풀이 886은 900에 가깝고, 123은 100에 가깝습니다.
886-123 ➡ 900-100=800(쯤)

4. 696, 234

5. 887, 704

208b

6. >
풀이 342+427=769
 889-124=765

7. 678
풀이 547-410=137
 678-547=131
137>131이므로 678이 547에 더 가깝습니다.

8. [식] 352+417=769 [답] 769명

9. [식] 976-500=476 [답] 476개

10. 512
풀이 200+■=513 ⇨ ■=313
 ●-312=513 ⇨ ●=825
 ●-■=825-313=512

209a
창의력 학습
(1) 764 (2) 104 (3) 868 (4) 660

209b
창의력 학습

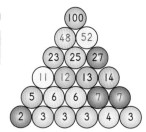

210a
경시 대회 예상 문제

1. (1) 424 (2) 751
 (3) 525 (4) 557

2. (1) ㉮ : 5, ㉯ : 1
 (2) ㉰ : 9, ㉱ : 6

3. 522
풀이 756-234=522

4. 741
풀이 □+123=987 ➡ □=864
 864-123=741

210b
경시 대회 예상 문제

5. 687 6. 830

7. 9개
풀이 310+□=880에서 □=570 이므로 310+□>880에서 □ 안에 들어갈 수 있는 수는 570보다 큰 수입니다.
□-220=360에서 □=580이므로 □-220<360에서 □ 안에 들어갈 수 있는 수는 580보다 작은 수입니다.
따라서 □ 안에 들어갈 수 있는 수는 571~579로 모두 9개입니다.

8. [식] 531+153=684 [답] 684
풀이 숫자 카드 1, 3, 5를 한 번 씩만 사용하여 만들 수 있는 세 자리 수는 531, 513, 351, 315, 153, 135입니다.

211a 1. 10, 100 2. 1 3. 50
4. 1, 1

211b 5. 생략 6. 100 7. 200
8. 500 9. 400 10. 700
11. 800 12. 3 13. 6
14. 9 15. 2 16. 5
17. 7

212a 1. 20, 1, 20 2. 40, 2, 40
3. 25, 1, 25 4. 48, 2, 48
5. 5, 3, 5

212b 6. 200, 2, 2 7. 400, 4, 4
8. 3, 300, 325 9. 5, 500, 562

213a 1. 3, 50 2. 4, 52 3. 6, 5
4. 2, 10 5. 3, 77 6. 5, 5
7. 250 8. 535 9. 340
10. 725 11. 745 12. 103

213b 13. > 14. > 15. < 16. =
17. < 18. < 19. >

214a 1. 6 2. 5 3. 더 4. 약

214b 5. (1) 6 (2) 6 6. (1) 7 (2) 약
7. (1) 9 (2) 약

215a 1. 6 2. 6 3. 못 4. 약

215b 5. (1) 4 (2) 4 6. (1) 6 (2) 약
7. (1) 8 (2) 약

216a 1. 7, 더 2. 5, 못 3. 3 4. 8

216b 5. 3, 더 6. 5, 못 7. 6 8. 4

217a 1. 2, 70 2. 3, 40
3. 2, 50 4. 1, 90

217b 5. 3 6. 2 7. 4 8. 1

218a 1. 80 2. 2 3. 2, 80

218b 4. 20 5. 1 6. 1, 20

219a 1. 1, 10, 3, 3, 60
2. 2, 30, 6, 6, 50
3. 40, 4, 40, 7, 70, 7, 70

219b 4. 7, 72 5. 4, 40 6. 9, 48
7. 6, 50 8. 5, 86 9. 1, 35
10. 11, 11 11. 1, 55

220a 1. 8, 70 2. 2, 50 3. 8, 44
4. 5, 34 5. 12, 72 6. 7, 27
7. 12, 65 8. 11, 34

220b 9. 5, 15 10. 5, 6 11. 8, 36
12. 4, 56 13. 13, 43 14. 4, 15
15. 62, 53 16. 18, 46

221a 1. (1) 2 m (2) 2 m
(3) 4 m쯤 (4) 3 m 90 cm
2. 1 m 39 cm
3. 110 m 83 cm

221b 4. (1) 4 m (2) 2 m
(3) 2 m쯤 (4) 2 m 10 cm
5. 4 m 13 cm
6. 1 m 32 cm

222a
1. 1 m 30 cm   2. 180 cm
3. (1) <   (2) >   4. 9, 더, 9
5. 생략
풀이 선분의 한쪽 끝을 자의 눈금 0에 맞춘 후 다른 쪽 끝이 자의 눈금 4와 5 사이에 있게 그리되 5에 가깝게 그립니다.

222b
6. 예 (1) 연필의 길이, 지우개의 길이
(2) 칠판의 가로 길이, 사물함의 전체 길이
7. 4 m 90 cm
8. 정호의 키가 8 cm 더 큽니다.
9. 3 m 3 cm
풀이 205 cm=2 m 5 cm
2 m 5 cm+1 m 91 cm−93 cm
=3 m 96 cm−93 cm
=3 m 3 cm

223a

예

223b

②, ④

224a

1. 1 m 42 cm, 1미터 42센티미터
2. 2 m 50 cm
3. ㄷ, ㄴ, ㄹ, ㄱ
4. 약 6 cm

224b

5. (1) 5 cm 조금 못 됩니다, 약 5 cm
(2) 8 cm 조금 더 됩니다, 약 8 cm

6. 생략
풀이 (1) 약 3 cm인 선분이므로, 3 cm 조금 못 되거나 3 cm 조금 더 되는 곳까지 그립니다.
(2) 약 10 cm인 선분이므로, 10 cm 조금 못 되거나 10 cm 조금 더 되는 곳까지 그립니다.
7. 약 12 m
풀이 철탑의 높이가 나무 높이의 3배쯤 되므로 약 12 m입니다.

225a
8. (1) 25, 2   (2) 39, 6
9. 7 m 64 cm
풀이 굵은 선의 길이는 가로와 세로 길이의 합과 같습니다.
318 cm+4 m 46 cm
=3 m 18 cm+4 m 46 cm
=7 m 64 cm
10. 2 m 50 cm
풀이 418 cm+4 m 72 cm−6 m 40 cm
=8 m 90 cm−6 m 40 cm
=2 m 50 cm
11. 1 m 2 cm
풀이 (8 cm씩 자른 끈 6도막의 길이)
=8×6=48 (cm)
(사용한 끈의 길이)
=(처음 끈의 길이)−(남은 끈의 길이)
=1 m 50 cm−48 cm
=1 m 2 cm

225b
12. 3 m 52 cm
풀이 120 cm=1 m 20 cm
1 m 20 cm+1 m 20 cm+1 m 20 cm
−4 cm−4 cm
=3 m 52 cm
13. 8 m 36 cm
풀이 (짧은 끈의 길이)
=5 m 32 cm−2 m 28 cm
=3 m 4 cm
(합)=5 m 32 cm+3 m 4 cm
=8 m 36 cm

14. 4 m 14 cm （풀이）
8 m 70 cm−2 m 28 cm−2 m 28 cm
=4 m 14 cm

15. 2 m 28 cm （풀이）
(㉯의 길이)=(㉰의 길이)+17 cm
　　　　　　=2 m 26 cm+17 cm
　　　　　　=2 m 43 cm
(㉮의 길이)=(㉯의 길이)−15 cm
　　　　　　=2 m 43 cm−15 cm
　　　　　　=2 m 28 cm

226a
1. 18　2. 0　3. 63　4. 16
5. 7　6. 8　7. 3　8. 3
9. 3　10. 7　11. 9　12. 8

226b
13. 6×6, 4×9(9×4)
14. 2×9(9×2), 3×6(6×3)
15. 3×8(8×3), 4×6(6×4)
16. 2×6(6×2), 3×4(4×3)
17. >　18. <　19. <　20. =
21. 5　22. 6　23. 7　24. 9

227a
1.
0	0	0
1	2	12
2	4	24
3	6	36
4	8	48

2.
0	0	0
1	1	9
5	5	45
7	7	63
8	8	72

3.
3	7	21
6	9	54
18	63	

4.
7	6	42
9	8	72
63	48	

5.
	45	56	
35	5	7	35
72	9	8	72
	45	56	

6.
	24	72	
48	6	8	48
36	4	9	36
	24	72	

227b
7. (1) 8, 56　(2) 9, 72
8. 0
9. (1) 3, 2, 23　(2) 5, 2, 23
　(3) 5, 3, 23

228a
1. (1) 7씩 커지는 규칙이 있습니다.
　(2) 3씩 커지는 규칙이 있습니다.

2.
×	4	5	6	7	8	9
4				28		
5						
6					48	
7						
8						
9		54				

228b
3. (3, 24), (3, 24)
4. (1) 24, 6　(2) 72, 8
　(3) 3　(4) 7
5. (1) 15, 21, 27　(2) 14, 35, 56

229a
1. [식] 2×8=16　[답] 16개
2. [식] 4×3=12　[답] 12개
3. [식] 7×9=63　[답] 63명
4. [식] 9×6=54　[답] 54명

229b
5. 43살
6. 세란이가 1개 더 많이 가지고 있습니다.
7. 36개
8. 56점

230a
1. 790　2. 764　3. 728
4. 808　5. 530　6. 204
7. 352　8. 354

230b
9. 570　10. 460　11. 940
12. 388　13. 615　14. 230
15. 260　16. 307　17. 142
18. 431

231a
1. 888　2. 958　3. 452
4. 534　5. 551

231b
6. (640, 670), 670
7. (800, 40, 840), 840
8. (350, 320), 320
9. (200, 10, 210), 210

232a (1~4번 일의 자리부터)
1. 3, 4, 7   2. 8, 3, 4
3. 6, 2, 8   4. 7, 8, 6
5. 103   6. 535
7. 652   8. 896

232b
9. 345   10. 422   11. 732
12. 311   13. 132   14. 64

233a
1. [식] 160+130=290 [답] 290개
2. [식] 184+104=288 [답] 288쪽
3. [식] 104+63=167 [답] 167대
4. 457개
   [풀이] 귤 : 123+211=334(개)
          합 : 123+334=457(개)

233b
5. [식] 456−231=225 [답] 225명
6. [식] 350−230=120 [답] 120장
7. [식] 267−152=115 [답] 115명
8. 명희가 100원 더 많이 남았습니다.
   [풀이] 명희 : 770−450=320(원)
          경수 : 850−630=220(원)
          차 : 320−220=100(원)

234a
1. 4, 80   2. 6, 20   3. 2, 48
4. 8, 62   5. 5, 4   6. 7, 7
7. 560   8. 440   9. 253
10. 985   11. 302   12. 808

234b
13. 6, 더, 6   14. 11, 못, 11
15. 8   16. 생략
17. 생략   18. 생략

235a
1. 6, 40   2. 5, 41
3. 9, 90   4. 8, 55
5. 4, 30   6. 6, 26
7. 4, 40   8. 2, 15

235b
9. 8 m 70 cm   10. 5 m 96 cm
11. 9 m 64 cm   12. 10 m 62 cm
13. 3 m 20 cm   14. 1 m 33 cm
15. 5 m 16 cm   16. 5 m 39 cm

236a
1. 5미터 63센티미터
2. 1 m 40 cm   3. (1) < (2) =
4. 2 m 90 cm   5. 약 4 cm

236b
6. (1) ㄹ   (2) ㄱ, ㄷ   (3) ㄴ, ㅁ
7. 약 120 cm

237a
1. 6 m 78 cm   2. 4 m 70 cm
3. 4 m   4. 17 cm

237b
5. 1 m 84 cm   [풀이]
형 : 1 m 28 cm+27 cm=1 m 55 cm
삼촌 : 1 m 55 cm+29 cm=1 m 84 cm

6. 2 m 67 cm   [풀이]
1 m 36 cm+1 m 36 cm−5 cm
=2 m 67 cm

7. 2 m 80 cm   [풀이]
1 m 25 cm+1 m 25 cm+30 cm
=2 m 80 cm

8. 2 m 18 cm   [풀이]
(사각형 3개를 만드는 데 든 철사의 길이)
=24+24+24=72 (cm)
2 m 90 cm−72 cm=2 m 18 cm

238a 생략

238b ②

239a

1. 4개
   풀이 사탕의 수 : 3×8=24(개)
   □×6=24 ← 4×6=24

2. 9쪽
   풀이 일주일 동안 읽은 쪽수 :
   98−35=63(쪽)
   □×7=63 ← 9×7=63

3. 14
   풀이 □×8=48 ← 6×8=48
   바른 계산 : 6+8=14

4. 63
   풀이 7−4=3, 7×4=28
   ➡ 7×9=63

239b

5. 3, 6, 9가 되풀이됩니다.

6. (1) (일의 자리부터) 7, 7, 2
   (2) (일의 자리부터) 6, 1, 4
   (3) 300, 760, 780
   (4) 400, 390, 360

240a

7. (위로부터 시계 방향으로)
   253, 784, 516

8. 0, 1, 2, 3, 4
   풀이 205+340=545이므로
   545=798−2□3에서 □=5입니다.
   따라서 545<798−2□3에서 □ 안
   에 들어갈 수 있는 숫자는 5보다 작은
   숫자입니다.

9. (352, 586), (657, 423) 또는
   (423, 657), (586, 352)

240b

10. 8 cm 조금 더 됩니다, 약 8 cm

11. (1) 27, 3 (2) 7, 36

---

12. ㈏, ㈐, ㈎
    풀이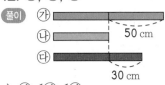
    ㈎
    ㈏   50 cm
    ㈐
           30 cm
    ➡ ㈏<㈐<㈎

13. 56 cm 풀이
    (기호의 키)=1 m 90 cm−75 cm
             =1 m 15 cm
    (의자 높이)=171 cm−1 m 15 cm
             =1 m 71 cm−1 m 15 cm
             =56 cm

성취도 테스트

1. 7, 4, 28   2. 4, 5, 20

3. (1) > (2) < (3) = (4) >

4.

×	2	3	4	5	6	7	8	9
2	4	6	8	10	12	14	16	18
4	8	12	16	20	24	28	32	36
6	12	18	24	30	36	42	48	54
7	14	21	28	35	42	49	56	63
9	18	27	36	45	54	63	72	81

6씩 커집니다.

5. 567, 303   6. 799, 580

7. (1) 3 1 2   (2) 8 6 7
      + 5 8 3   − 5 4 5
      ─────   ─────
        8 9 5   3 2 2

8. ㉢, ㉠, ㉡

9. (1) 300, 40, 90, 490
   (2) 900, 30, 400, 430

10. (1) 7, 48   (2) 394

11. (1) >   (2) =

12. ㉣, ㉢, ㉡, ㉠   13. (3, 데), 3

14. (1) 7 m 71 cm   (2) 3 m 9 cm
    (3) 867   (4) 2, 75

15. 114개   16. 359개

17. 유미가 103쪽 더 많이 읽었습니다.

18. 7   19. 80 m 90 cm

20. 30 m 23 cm